中國如何攻打臺灣

知名歷史作家、
《顛倒的民國》銷量破萬冊、
「亞洲出版協會最佳評論獎」得主
余杰——著

滲透黨政軍、以商逼政、軍演恫嚇，
然後渡海、搶灘、巷戰……
臺灣怎麼防？美日怎麼幫？來得及嗎？

CONTENTS

第五章

中國四場對外戰爭的慣例——偷襲

第六章

官場比戰場更重要的中國軍隊

第七章 美國會為臺灣一戰嗎？ 263

第八章 中國有邦交國缺盟友，臺灣有盟友缺邦交國 307

推薦序一

歷史如同判例，帶我們找到兩岸的未來

「歷史說書人 History Storyteller」粉專創辦人／江仲淵

在研究現代中國的政治思想中，歷史源流是絕不可忽略的一道課題。

就我們傳統的印象看來，中國歷史上每一個富強的朝代，其壯盛的最佳辨識方法，無非是以版圖大小來觀看，其實假如我們能細細思考，便會發現自己先入為主的思考模式極不符合邏輯：憑什麼一定要以版圖大小計算？宋朝經濟繁榮，平民安樂；吳越有魚鹽之力，國力不可小覷，怎麼就忽視它們了？

其實，這種謬誤與我們閱讀中國歷史的規律性有關係，畢竟一個國家強盛之後，往往會以開疆闢土來彰顯國威，我們所熟知的盛唐、盛清、盛明，不都是版圖極大的朝代嗎？且中國的讀書人自古以來對分裂皆抱持恐懼，就古籍歷史上看，每一次分裂都會造成大規模平民百姓的死亡，魏晉南北朝鬥成一團，讓東漢的五千萬人口迅速銳減至八百萬；五代十國亂極一時，讓安史之亂後的六千萬人口下降至三千萬左右。

我們再想想，宋朝對西夏與遼國的征戰、明朝的三藩之亂、清朝的太平天國之亂、民初的軍閥混戰，中國在「不統一」之下，很少得到安穩的局面，這也使得讀書人無形中誕生出了大中國的思想，亦即希望中國能有一個大一統的中央來領導大家。

傳統中國對統一政權的嚮往不言而喻。從社會看來，中華民族是重視面子的民族，而養成這種民族性的起源，顯然是社會心理的需求。人什麼時候會愛面子？是對自己的內在價值最缺乏信心的時候，對岸希望能從十九世紀末期顛沛流離的不平等條約中解放，讓西方各國明白中國已非昔日之東亞病夫。

作為一位近代中國史的沉迷者，余杰的文章我大多已經讀過，其中《1927：民國之死》與《顛倒的民國》更是到達滾瓜爛熟的境界。之所以熱愛余杰，很大層面在於其剖析華人傳統史觀及其弊端，每當回想他所說的話，總不免冷汗直流，他的觀點至今依然適用。

余杰常在讀者眼中扮演金剛怒目、嫉惡如仇的形象。他的筆法極具辨識度，擅長使用歷史資料佐證，將思想主旨帶入其中，作為一名長期研究兩岸政治的作者，余杰詳細描述中共攻臺的進程，以獨到的歷史見解切入，不厭其煩的從明鄭時期施琅所發動的澎湖海戰，推導出中國攻打外島「不戰而屈人之兵」，乃至二次世界大戰中，美國對於攻打臺灣的評估，進而推導如今中共攻臺的難度。

本書有趣的是將政治、歷史兩個若即若離的學科合併，讀政治不能不掌握歷史，否則無法打通整個脈絡，將淪為一般人最痛恨的填鴨式死背硬記，對於釐清如今趨於緊張的兩岸關係，以及中共對臺的政治、軍事、經濟決策，過去所生之事就如判例，能帶領我們找出未來的方向。

一個國家的歷史束縛越重，其轉向近代化的過程會越慢；一個國家對現代歷史的恥辱越深，它對過去的報復心理便會越發強烈。鄂圖曼帝國在工業革命前，掌握東西文明的陸上交通線達六個世紀之久，可是在工業革命的浪潮下，土耳其在光輝的過去中無法尋得方向，進而迷失在近代化的道路上。又如歐洲第二次世界大戰後，納粹德國特地尋找位於法國康比涅（Compiègne）、過去曾簽訂《凡爾賽條約》（按：

Treaty of Versailles，一戰後協約國和同盟國簽訂的和約，雙方在康比涅森林一節火車車廂內簽署停戰協定，代表一戰正式結束）的車廂簽署停戰協議，以表示一雪前恥，即為最佳例證。

中國作為東方的古老國家，擁有稱霸東亞，使四方諸國遣使進貢的光輝歷史，但也同時受到了鴉片戰爭以來，西方各國無視中國主權、屢次侵犯領土的國族悲劇，從而衍生出收復失土的強烈信仰，對於如何尋覓臺灣軍事防禦的方向？余杰老師獨到的史學見解，將為大家開啟一段思想盛宴。

推薦序二

中國入侵的進行式

Podcast《一歷百憂解》節目主持人／李文成

許多人在看待臺海問題時，總會陷入兩個疑惑而無法進行討論，一為戰爭何時開始，以及美國是否會願意援助。

販售戰爭恐懼的紅利是驚人的，無論最終目標是希望中方成功入侵臺灣，或者為販售那一方當前的自我影響力而渲染恐怖情緒。

但這個問題必須回歸到大國博弈的格局上來看，當中國的經濟實力在帳面數字上超越了日本與德國後，站在不看個人感受、必須為總體犧牲奉獻的獨裁國家領導階層視角，中國已經做出了跟美國叫板的態勢。

這種虛妄的情緒透過內部宣傳不斷加溫，最終讓中美之間從競合關係，逐步走向衝突加劇的貿易戰爭，也因為彼此體制與意識形態的劇烈落差，讓全球化從原本彼此追求雙贏的局面，走向了零和博弈的困境當中。

而從冷戰以來一直位居民主資本陣營第一線的臺灣，在地緣政治上無可避免的必須做出選擇，這也就回答了第一個問題，臺海戰爭實質早已爆發。

在網路崛起以後，獨裁體制能夠在自由國度裡透過綿密的訊息管道，藉自由為名行獨裁喧囂之惡。多輪的資訊戰早在臺灣所有媒體平臺上點燃戰火，企圖毀壞國民防衛意志的投降主義，以中立客觀為殼、包裝敵我不分的觀點，儼然在國內屢屢攻城掠地。短影音碎片化的資訊，更早在不知不覺間，徹底改變了年輕人吸收知識的方式，所產生的破壞力是未來十年、甚至二十年的時間，臺灣社會難以償還的隱形債務。

然而，真實的國際局勢與總體發展，卻不是華美的謊言能夠扭曲的。

如果清楚認知到當前世界的貨幣、金融、經濟、軍事、外交等多面向的訊息，就會發現所謂美國衰退論，並不如中國所宣稱的那般——美利堅早已不堪一擊。反而是美國知識階層與各界菁英的自我警惕與反思。美國所建立的治世，雖然從二戰以來屢經挑戰，但無論是軍事力量強大的蘇聯、經濟一度有可能趕超的日本，也始終沒有在競技場上比美國走得更遠。

這也就回答了第二個問題，臺海儼然是第二波冷戰裡，最終決定勝負的砝碼，美國沒有喪失的本錢。

而反觀中國雖然有著巨大的戰略縱深、幾乎源源不絕的人員後勤，足以作為它對臺灣的恫嚇資本，但同時它也在地緣政治上，被強大的資本民主陣營所包圍，舉凡日本、南韓、臺灣、越南，以及人口數已經超越他們的印度，中方都與之存在巨大的矛盾，在此格局之下貿然發動戰爭所引發的連鎖反應，必然是三連任後、「表面上」穩坐釣魚臺的習近平不可承受之重。

危險的是，但凡一個獨裁者隨著年齡更高而繼承人問題難以解決，都有可能罔顧國民集體，選擇一條冒險之路，臺灣在此時必須有更強的自我認知以及敵我意識，在中美之間與歷史長河裡找到一個更安全的位置。

感謝余杰老師的作品，透過多方角度切入，從中、美、臺三方觀點剖析，為我們在混亂而戰雲密布的二十一世紀，指點一條通往和平與希望的自強之路。

推薦序三

臺灣如何嚇阻中國？

國際政經專家／汪浩

余杰是華文世界中少數同時「知中、知美、知臺」的作家，他知道三國各自優劣、長短、攻守的幽微之處，寫中、美、臺「新三國演義」得心應手。所以，特別向大家推薦余杰的新書《中國如何攻打臺灣》。

近來，國際社會對習近平什麼時候攻打臺灣有諸多討論，但更恰當的問題是：習近平會在什麼情況下侵臺？

我認為習近平可能在三種情況下對臺動武：

一、習近平在內政上碰到大問題，決定對臺動武，以轉移矛盾。余杰書中提及的情況，如毛澤東一九六二年挑起中印戰爭，和一九六九年挑起中蘇珍寶島衝突，都是他為了轉移內部矛盾的一種權謀。這種狗急跳牆的情況，臺灣很難防範，但要時刻準備，予以迎頭痛擊。

二、習近平的統戰滲透成功，臺灣從上到下由投降派掌權，就像一九四九年解放軍渡過長江天險時，國民政府從代總統李宗仁，到和談代表團都是投降派。國防部和國軍已經被共諜徹底滲透，如國防部副部長劉斐、江陰要塞司令和重要軍官等，最後國軍江陰要塞七千官兵一砲不發投共。習近平如果斷定他對臺灣國軍上下的滲透已經成功，便會對臺動武。普丁（Vladimir Putin）對烏克蘭動武，也是因為他判斷烏克蘭親俄投降派會配合俄軍。臺灣人民、臺灣政府和國軍要加強警惕，大力清除匪諜。

三、美國送出不會出兵的錯誤訊息，就像在韓戰和俄烏戰爭之前，美國沒有把紅線畫清楚。美國政府注意到這種情況，所以總統拜登（Joe Biden）才多次公開說美軍一定會來臺海。臺灣當然要爭取美軍前來，但這同美國認知臺灣抵抗意志有很大的關係。

余杰也在書中討論了中國侵臺的三個時間點和三種方式：武力封鎖、攻打外島及占領本島。問題是臺灣人民、政府和國軍有沒有決心和能力，嚇阻習近平或中國攻打臺灣呢？

俄烏戰爭的啟示：堅定立場，自助人助

臺灣可以從烏克蘭抗俄戰爭中得到很多啟示：

第一，俄羅斯對烏克蘭的侵略，同中國可能對臺灣的侵略，本質上都是一個強國對一個弱小鄰國的侵略。普丁入侵烏克蘭的理由是，烏克蘭自古以來就是大俄羅斯的一部分，這和中共的「一中原則」一脈相承。

要打破中國「臺灣問題內政說」，臺灣政府和民間應該努力推動「臺灣問題國際化」。如果臺灣人民接受「一個中國，九二共識」，不僅無法推動臺灣問題國際化，中共攻打臺灣時，國際社會也無法干涉，臺灣會變得孤立無援。因為在「一個中國」原則下的兩岸衝突是中國內政問題，各國無權干涉。所以臺灣要推動各國承認中華民國臺灣與中華人民共和國互不隸屬這個事實，這是臺灣安全的頭等大事。

第二，烏克蘭給臺灣的啟示是，在國際地緣戰略中絕對不能走中間路線，不能立場不堅定。

烏克蘭獨立以來，不少烏克蘭的政治菁英在歐盟和俄羅斯之間猶豫不決，立場不堅定，不能定奪之際，寄希望於所謂的第三條路，也就是擺脫與歐盟和俄羅斯的糾纏，和中共發展一種戰略夥伴關係，希望以此來脫離烏克蘭的戰略困境，但是中共背棄了《中華人民共和國和烏克蘭友好合作條約》的責任。臺灣人民應該吸取烏克蘭這個慘痛的教訓，認清與獨裁者簽「和平協議」是沒有意義的。

第三，烏克蘭給臺灣的另一個啟示是「自己的國家自己救」，「自助，才有天助人助」。

烏克蘭人民全民皆兵，英勇不屈的反抗。如果烏克蘭人沒有展現出堅強的抵抗決心，美國和北約也不會提供實質性的協助，來挫敗俄羅斯的侵略。因為烏克蘭人民能夠同仇敵愾，國際軍事支援才有意義，才會源源不斷的到來。烏克蘭也深刻的啟示我們，失敗主義和投降主義絕對沒有前途。

第四，烏克蘭抗戰證明，機智的不對稱作戰有效。

俄國入侵以來，烏克蘭總統澤倫斯基（Volodymyr Oleksandrovych Zelenskyi）透過網路視訊向全球喊話，宣傳效果驚人。俄羅斯散布大量假訊息和造假圖像，企圖擾亂民心，但無數的烏克蘭人在網路上傳遞戰爭的真相，這比發假訊息的網軍更強大。臺灣長年受中國統戰宣傳和網軍的攻擊，不僅要提升網路安全，還要反守為攻，對抗中共的資訊戰。

第五，科技創新帶來軍事技術的革命，幫助烏克蘭贏得不對稱作戰的勝利。無人機、無人車、無人船、衛星和水下機器人，會是未來戰爭的主角，現有的航空母艦、登陸艦、坦克、裝甲車，將成為靶子。這對臺灣來說非常關鍵。臺灣禁運晶片對俄羅斯科技業與武器製造的打擊，讓我們思考臺灣對中國的「矽盾」與「矽匕首」的可能性。雖說單憑矽盾不能完全嚇阻中國侵略者的野心，但是將臺灣高科技產業納入安全戰略中，增加臺灣經營國際關係的彈性，這是美中對抗新時代下，臺灣必須採取的措施。中共不斷對臺灣武力威脅，臺灣半導體產業也應該與政府合作，加強產品、技術、人才對中國輸出的管控。

面對美中「新冷戰」的國際情勢，認清了「誰是敵人，誰是朋友」後，臺灣應該以常規武器報復力量為後盾，威嚇共軍的戰略目標，使其認識到武力侵臺將招致嚴重後果。

二〇二二年十二月底，蔡英文總統正式宣告了重大國防改革，義務役恢復一年役期、提升義務役待遇、接軌現代化軍事訓練、防衛系統更重視民防力量等，臺灣這次國防改革受到了社會的普遍支持，全民國防是大家的事，這也是從烏克蘭學到的經驗。而全民參與國防的第一步，可以從閱讀余杰的這本書開始。

自序

中、美、臺的「新三國演義」

俄羅斯與烏克蘭之間，自二〇一四年即已開始發生軍事衝突，至二〇二二年二月，俄羅斯正式入侵烏克蘭，顯示只要極權或威權帝國存在，戰爭就不會終結。三十多年前，蘇聯解體之際，日裔美國政治學者福山（Francis Yoshihiro Fukuyama）曾發出「歷史的終結」的樂觀宣告，如今看來，何其幼稚可笑。在人類歷史上，和平未必是常態，戰爭未必是偶然。

烏克蘭領土上發生的血腥戰爭，離臺灣並沒有地理上那樣遙遠。對臺灣而言，必須面對「今日烏克蘭，明日臺灣」的可能性——儘管這種情形比「今日香港，明日臺灣」更加恐怖和慘烈。

在俄羅斯入侵烏克蘭半年之後，中國在二〇二二年八月發表《臺灣問題與新時代中國統一事業》白皮書，聲稱臺灣自古就是中國的一部分，強調北京尋求「和平統一」的同時，也「不承諾放棄使用武力」。雖然該主張早已存在，基本上是老調重彈，但在俄烏開戰後這段時間內，北京當局明顯將威脅不斷升高，特別是美國聯邦眾議院議長裴洛西（Nancy Pelosi）訪臺後，展開一系列針對臺灣的軍事演習，期間發射飛彈飛越臺灣上空，並落入日本專屬經濟海域，恐嚇意圖相當明顯。

美國中央情報局局長伯恩斯（William J. Burns）表示：「沒有其他外國領袖，比習近平更密切注視普丁在烏克蘭的經驗、戰事的發展。從許多方面來說，習近平的所見令他不安而趨審慎。我們最基本的判斷是，習近平與他的軍方幹部對於中國現今能否達成侵臺任務存有疑慮。」

但是，若烏克蘭戰況稍有變數，且西方厭戰情緒進一步發酵（《華爾街日報》〔*The Wall Street Journal*〕指出，在俄烏戰爭打了一年之後，這場衝突在很大程度上「已經變成西方自己的戰爭」。如果烏克蘭最後未能挫敗普丁的野心，對於美國的國際聲望與西方聯盟的未來，都是一大打擊；西方如今對於烏克蘭的大規模軍事援助，本身也存在風險），習近平必然覺得可渾水摸魚，而對臺灣蠢蠢欲動乃至放手一搏。

今日烏克蘭，明日臺灣

烏克蘭戰爭的硝煙，短期之內不會散去。俄軍遭遇重挫，但尚未潰敗，普丁政權的支持率不降反升。日本首相岸田文雄表示，若放任俄羅斯在烏克蘭予取予求，恐進一步鼓舞了中國，進而形成「與目前極為不同，且我們將無法接受」的國際秩序，「若不制止單方面以武力改變現狀的行為，會使相同情況發生在亞洲的任何地區。」

遺憾的是，臺灣對烏克蘭戰爭的相關性與後遺症的關注與思考，反倒不如日本那麼緊迫。部分統派族群認為，擁抱中國就可發大財，他們如同當年在埃及為奴的猶太人，不願承受「出埃及」的陣痛，寧願過有肉湯的為奴生涯；部分獨派族群則飢不擇食、急不擇途的從西方引入若干左派社會議程，自以為進步，卻加劇社會分裂，困擾了抗中的主軸。而更多「兩耳不聞島外事」的小清新、小確幸，以為如同鴕鳥一樣將頭埋在沙堆中，就可太平無事、歲月靜好。超市短缺三、五天雞蛋，就要呼天搶地，若是共軍打來，豈不只能舉手投降，乖乖排隊走進集中營——就好像通宵排隊去吃一碗日本拉麵？

每一次戰爭，總是在被侵略者還沒有做好充分準備時就打響了。一九三九年九月一日凌晨四點二十分，在毫無預警的情況下，波蘭中部小城維隆（Wieluń）首先遭到納粹德國空軍的轟炸。美國歷史學家提摩希・史奈德（Timothy Snyder）評論：「德軍挑選了一個沒有任何戰略意義的地點進行恐怖的實驗。」

波蘭三十九個師、九十萬人的正規軍，只堅持了三十五天就潰不成軍。波蘭官兵中不乏英勇之士，但他們騎著高頭大馬，使用中世紀戰術，向納粹裝甲部隊發起衝鋒，注定不會有絲毫勝算。

波蘭政府以為得到英法的保證，自己就能免於被德國和蘇聯侵占。戰爭爆發後，英法遵守條約，對德國宣戰，卻沒有出兵波蘭，此後數月，英法聯軍一直龜縮在西線，維持一種「假戰」狀態。承諾保護波蘭的歐洲大國法國，幾個月後也步上波蘭後塵，遭遇滅頂之災。

波蘭和烏克蘭的前車之鑑，臺灣不可熟視無睹。此刻，我有一股強烈的使命感──要為我所愛的臺灣寫一本「警世通言」。

以歷史為鑑，才知國家面臨的挑戰

此前，我閱讀大量中國、美國和臺灣，以及其他國家的專家學者撰寫的、關於臺海問題的著作，對我有一定的啟發和刺激（無論是正面還是反面）。但是，我覺得這些著作皆有其局限性：中國學者知中，美國學者知美，臺灣學者知臺，但他們對於自身以外其他兩處的政治經濟和民情秩序，大都頗為陌生。而擁有多重身分及三地生活經驗的我，恰好可彌補這些欠缺，並提供新的視角與思路。

我在中國生活了三十九年，從四川到北京求學，之後成為異議作家和政治評論家，與劉曉波一起捍衛人權和批判中共極權主義統治，對中共政權的本質有較為深切的認識。

二〇一二年，我逃離如同「動物莊園」一般野蠻殘暴的中國，流亡美國，六年之後入籍成為美國公民。我生活在美國，不是「旅居」，而是將美國當作生根發芽之地，進而研究美國的歷史、文化與政治。我居住在華府郊區，常常接觸華府的智庫、大學、媒體及獨立學者，蒐集到第一手資訊，撰寫了多部關於美國的著作。

我於二〇〇六年就曾訪問臺灣，近年來亦每年必定到臺灣訪問數月，走遍每個縣市包括外島，寫下五卷本的《臺灣民主地圖》系列及《從順民到公民：與民主台灣同行》等多部以臺灣為主題的著述，在非出生於臺灣的華語寫作者中，我是屈指可數的知臺派和愛臺派，亦將臺灣當作第二故鄉。

我的三重身分及生命經歷，讓我知中、知美且知臺，知道三國各自優劣、長短、攻守的幽微之處，故而寫這部中、美、臺的「新三國演義」得心應手。

曾在川普（Donald John Trump）政府中出任國家安全顧問的麥馬斯特（H.R. McMaster），既是歷史學博士，又是馳騁疆場的將軍。當他獲得川普的任命、即將搬家到華府時，在美軍服役的女婿問他，為什麼打包書本的時間比整理衣物的還多？他回答說，必須**以歷史為鑑，才能釐清國家安全面臨的挑戰。而且，只有將歷史運用於現代挑戰與環境，才能活用歷史。**「對軍事領導人而言，閱讀與思考歷史，是我們對國家、對我們的士兵一項神聖的職責。由於戰爭是攸關人命的大事，用兵打仗的人只憑個人經驗行事就是不負責任。我相信，鑽研軍事與外交史，是提升美國戰略能力的基本條件。」

探討臺灣問題及兩岸關係，亦是如此。**我在本書中採取歷史與現實交織的寫法，將臺灣放置在中國史、東亞史和全球史的框架下，由此描繪出波瀾壯闊的畫卷。**

成為刺蝟方能得勝

本書第一章從臺灣與中國的「準戰爭狀態」寫起：「維持現狀」不是積極的未來，陰影始終都在。中國不放棄吞併臺灣的野心，以及用武力實現這一野心的手段，對臺灣實施認知戰、經貿戰及軍機擾臺，「紅色滲透」如入無人之境。我認為，中共侵臺有三個時間點：習近平統治末期，權力鞏固，自信膨脹；習近平退休或死亡，中共高層陷入內鬥；中共統治終結，但中國民主轉型失敗。這三個危險的時間點，分別對應三場可類比的國際戰爭：伊拉克吞併科威特之戰、阿根廷侵略福克蘭群島之戰，及俄羅斯侵略烏克蘭之戰。

第二章至第四章，是本書重心所在，分別論述中國對臺動武的三種方式：武力封鎖、攻打外島及直攻本島。書中既追溯過去數百年來，在臺灣發生的若干次戰爭的經驗教訓，如施琅「打臺灣，先打澎湖」的戰術、國軍保衛金門的古寧頭之役，以及毛澤東虎頭蛇尾的八二三砲戰；亦分析二戰後期，美軍為何以「跳島」戰術繞過臺灣；更引用近期英國和美國戰略專家的兵演精粹，由此探討這三種侵臺方式的可行性，以及臺灣的應對策略。

第五章整理中共建政後四場對外戰爭（武裝衝突）的勝負得失——韓戰、中印邊境戰爭、中蘇珍寶島衝突及中越戰爭——並從中總結出六條規律，此六條規律可用以預測中共未來的行為方式。

第六章分析習近平和解放軍的特質及實力。愛穿軍裝的習近平從未指揮過一場戰爭。就實際表現來看，解放軍不是國防軍，而是親衛隊；不是黨指揮槍，而是黨魁指揮槍。烏克蘭戰爭爆發之前，西方都高估了俄軍的實力，戰力遠不如俄軍的解放軍實力更長期被高估。

第七章，針對臺灣島內似是而非、三人成虎的「疑美論」和「反美論」，指出美國必定會為臺灣與中國一戰。僅從美國自身的國家利益而言，若坐視中國侵占臺灣，即意味著「美利堅治世」（Pax Americana）的終結。本章也分析中美兩國國力和軍力的巨大差距，以及美國面對中國的挑戰時，自身的弱點及如何克服這些弱點。美國出兵臺灣，必然是一場攻擊中國本土的、如同第三次世界大戰的全面戰爭。

第八章，對照中國與臺灣的國際形勢——中國有邦交國缺盟友，臺灣有盟友缺邦交國。天下之大，中國沒有一個真正的盟友，而且中共將民眾當成最大的敵人，維穩費（按：維護一黨專制統治和社會整體穩定的支出）比國防預算還多。對比之下，臺灣的盟友多多益善，此處特別指出打造「自由彩虹」（按：指自由國家的集合體，彩虹源自於聖經中神與諾亞的「彩虹之約」，引申為自由）的日本，是臺灣僅次於美國的第二盟友，而嘗過共產黨統治恐怖滋味的東歐國家，對臺灣最為友善。

第九章，是為臺灣的軍事及民事兩方面做出誠摯建言：「不戰而降」不是正確選項，對中國示弱和讓步，換不來和平及中國的友善。美國國父之一的漢彌爾頓（Alexander Hamilton）在《聯邦論》（*The Federalist Papers*）中指出：「一個軟弱的民族會遭到鄙視，甚至被剝奪保持中立的權利。」在軍事上，臺灣應當採取刺蝟戰略或豪豬戰略（按：指以小博大的戰略思維，利用刺蝟、豪豬身上的刺嚇阻敵人，類似不對稱作戰），持續培養不對稱戰力，讓中國知難而退，即便對方鋌而走險，也可讓其付出無法承受的慘痛代價。在民事上，全民皆兵是唯一的選項，臺灣人要為保衛臺灣而戰，一個不願捍衛自身自由的國族，得不到任何外援及同情。臺灣必須洗滌和祛除「四體不勤、五穀不分」的儒家毒素，及西方左派偽善的和平主義（其實是綏靖主義、投降主義），承續李登輝那一代「偉大的臺灣人」的勇武精神，在推動轉型正義和民主鞏固的同時，完成一場文藝復興。

臺灣也是我的家園，我的著作中，在臺灣出版者最多，我的讀者和朋友，也以臺灣最多，我在這裡體驗過（並將繼續體驗）無與倫比的美食、美景與良善的人情。臺灣的自由、安全，與我息息相關。我以此書作為給臺灣的一份禮物，它不是刀槍與飛彈，但我期盼它成為臺灣自由思想武器庫中的一磚一瓦。

（二〇二三年六月十六日定稿）

第一章

臺灣與中國的「準戰爭狀態」

基於民族主義、地緣政治和意識形態等理由，北京政府需要重新掌控臺灣，而全中國也視臺灣為願意為其一戰的「核心利益」。

——美國經濟學家　彼得・納瓦羅（Peter Navarro）

1

「維持現狀」不是積極的未來，陰影始終都在

英國歷史學家和軍事戰略家李德哈特爵士（Sir B. H. Liddell Hart）指出，長久的歷史觀點，不僅能夠幫助人們在「危機的時候」保持冷靜，而且更提醒眾人，再長的隧道還是有盡頭。

面對今日臺海危機，必須深入中國和臺灣「剪不斷，理還亂」的近現代史，否則無法得出正確答案。國共內戰和中日戰爭（一直可上溯到日清甲午戰爭），帶來數千萬計人員損失，今天大多數中國人和臺灣人的祖輩，都曾在那些戰爭的某個時刻流離失所、乃至家破人亡。

二〇一九年《中華人民共和國香港特別行政區維護國家安全法》（簡稱《香港國安法》）實施之後，此前從中國移居香港的資深媒體人張潔平，二度移居到臺灣。她

在一次訪談中指出，要談香港或臺灣議題，或許可以從歷史的角度去看：「如今整個華語社會各自的歷史是很斷裂的，我們其實沒有機會把歷史放在一個『後戰爭年代』共同審視，去看看我們雖然在很不同的位置，但相似的歷史創傷是什麼……我們真的活在中國二十世紀戰爭之後的陰影裡，不管是臺灣、香港還是中國；兩岸目前是在一個『停火』的狀態，而非『和平』的狀態；我們說的『維持現狀』並不是積極的未來，而是我們擱置了爭議，但如果不能面對，陰影終究會再來。」

從「反共復國」到「中華民國臺灣」

臺灣與中國，一直處於「後戰爭狀態」或「準戰爭狀態」。這不是臺灣主動的選擇，臺灣是身不由己，其決定性因素是國共內戰以及國際冷戰局勢。歷史學者林孝廷指出，從一九四五年到一九五四年這短短十年裡，臺灣從日本的一塊殖民地，變為戰後中國的一個省，再從中國邊陲島嶼，轉變成為幾乎潰亡的中華民國最後一塊領土根據地，以及國民黨政府最後的權力據點，臺灣成為中華民國反共中樞的歷史進程，是意外、偶然、極富戲劇性與不確定性。一九四三年的開羅會議上，當中、美、英同盟三巨頭與其幕僚，共同討論臺灣與澎湖的未來前途時，沒有任何一個人能預見，短短十餘年內，臺灣會有如此劇烈的演變。

一八九五年的割讓與一九四五年的「光復」，臺灣人都是被動接受者。當蔣介石部隊於一九四九年戰敗而被迫遷臺時，臺灣從國民政府掠奪戰略物資以支持中國內戰的輸血者，變為蔣介石重組中華民國政府並反攻大陸的基地，被迫背負起國民黨對於中華民國未來願景之包袱，包括支持龐大的軍力及政府組織。

美國學者丹尼．羅伊（Denny Roy）指出，維持國民黨在臺灣的統治，以對抗其所面臨的內部威脅（臺灣民族主義，即臺獨主張者）與外來威脅（中共政權），是蔣介石最起碼的目標。其次，國民黨也試圖帶給臺灣穩定繁榮，並增進當地人民對國民黨的支持，與對中華民國的認同，如同其宣傳口號所說，將臺灣打造成「三民主義模範省」。最後，則是恢復國民黨在中國的統治權，同時在全中國實現孫文的三民主義願景。

一開始，蔣介石並不想以臺灣為家，只是主客觀條件限制下，不得不終老於臺灣。學者汪浩指出，蔣介石政權潰敗到臺灣之後，讓中華民國這個被中共宣布終結的「空殼」，利用經過日本半個世紀現代化建設的臺灣來舊瓶裝新酒，重獲生機，就是「借殼」民國，臺灣「上市」。蔣介石生前念念不忘「反共復國」，卻早已默認其治權僅及臺澎金馬，中華民國不再是「秋海棠」，而只能「在」臺灣。

這種無可奈何的「領土收縮」，從中華民國政府在國際外交中對蒙古國的態度，即可看得一清二楚：當蒙古在蘇聯加持下爭取加入聯合國時，蔣介石並未否決其入聯議案——在表決中，中華民國駐聯合國代表蔣廷黻奉命離席不投票。即使蔣介石不願公開承認，但心裡明白，他對中國本土無力染指，對蒙古國更鞭長莫及，「中華民國」已縮小到臺澎金馬。蔣經國主政時期，冷戰降溫、美中關係正常化，「中華民國」政權的正當性與合法性不斷下降。蔣經國在日記承認自己「充滿痛苦」，大嘆「中華民國從正統變側室」。他知道，若無美國幫助，「反攻大陸」不可能實現。另一方面，「反共」口號無法號召許多故鄉在臺灣的人。他盡量拖延美中建交，並在國際上凸顯「中華民國」體制相較於共產制度的差異或優越，同時轉向厚植內部力量，進行本土化建設，以增強政權內外穩定性。

蔣經國若有其他選擇，絕不樂見「中華民國」走向在地化、本土化，只是在時勢壓力下不得不然。美國與中華民國政府斷交之際，蔣經國宣稱：「中華民國是中國文化與中國歷史唯一真正的代表，中華民國政府是依據《中華民國憲法》所產生的合法政府，中華民國的存在一向是一個國際的事實，中華民國的國際地位及國際人格，不因任何國家承認中共偽政權而有所變更。」但他卻不得不接受美國政府關於「臺灣政府」和「臺灣當局」的指稱，視之為「為了實際情況的需要與能接受的最低限度」，進而承認「中華民國」就是「臺灣政府」。

到了李登輝時代，李登輝先後提出「兩國論」和「特殊國與國關係」。一九九五年，李登輝訪問母校康乃爾大學，發表題為「民之所欲，長在我心」的演講，提出「中華民國在臺灣」這個用辭，用以形容中華民國政府存在於臺灣的現狀。此前，中華民國官員用「Republic of China」稱呼國名，李登輝的用法「Republic of China on Taiwan」在當時頗具突破性，是中華民國做為政治主體，對於自身現實的、一種務實的認識與表述。

關於該用語的成因，李登輝後來說明，二戰結束時，太平洋戰區盟軍統帥麥克阿瑟（Douglas MacArthur）指示蔣介石派軍暫時占領臺灣，《舊金山和約》（*Treaty of Peace with Japan*）和《中日和約》都沒有明白規定日本放棄臺灣後，臺灣的主權給誰，形成臺灣法定地位未定，他主政時才說「中華民國在臺灣」。

蔡英文執政後，提出「中華民國臺灣」的說法。二〇一九年的國慶演講中，蔡英文說：「『中華民國臺灣』六個字，絕對不是藍色、也不會是綠色，這就是整個社會最大的共識。」二〇二〇年勝選連任後，蔡英文接受英國廣播公司（British Broadcasting Corporation，簡稱BBC）訪問，被問及是否宣布臺灣獨立時，回答說：「我們已經是一個獨立的國家，我們叫自己中華民國臺灣。」

去掉一個「在」

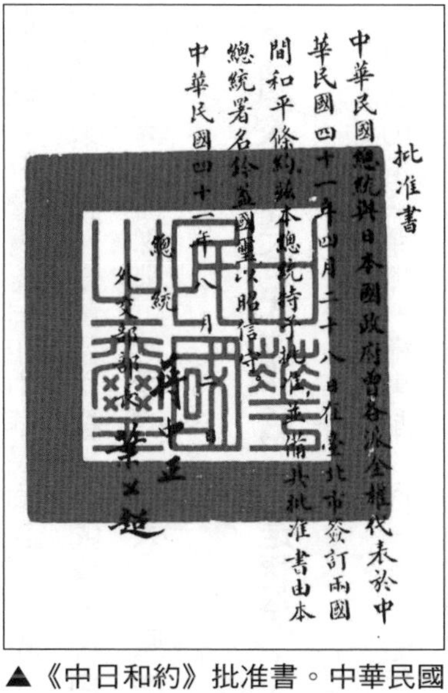
批准書
中華民國總統與日本國政府曾各派全權代表於中華民國四十一年四月二十八日在臺北市簽訂兩國間和平條約茲本總統特予批准並備此批准書由本總統署名鈐蓋國璽以昭信守
中華民國四十一年八月　日
總統 蔣中正
外交部部長 葉公超

▲《中日和約》批准書。中華民國與日本簽訂《中日和約》，協定恢復臺、澎為中國領土地位，是李登輝「中華民國在臺灣」用辭的原由。（圖片來源：維基共享資源公有領域。）

字，一字之差，意味深長。這個概念，將臺灣認同和中華民國認同，視為同一認同，由此延伸出「中華民國是主權獨立國家」和「臺灣是主權獨立國家」，兩者可以相互轉換和運用於內政與外交場合，勉強算是藍綠都可接受的「最大公約數」。

臺灣的民主自由，證明「中國人不適合代議政府」是謬論

臺灣早非國民黨一黨獨裁，中國仍是共產黨一黨專制。從一九二七年以來，國民黨與共產黨血腥纏鬥，先勝後敗。在臺灣二度執政的民進黨，創黨於一九八六年，歷史上跟中共並無太多糾葛，更無「戰爭狀態」。然而，不管哪個黨在臺灣執政，中共始終不放棄武力吞併臺灣的野心。用美國經濟學家、川普核心幕僚彼得·納瓦羅的話來說，中共對臺灣的主權要求，有民族主義、地緣政治和意識形態三個理由。

以民族主義而論，美國海軍學院吉原俊井（Toshi Yoshihara）教授指出：「北京認為臺灣是最後一塊百年國恥期間失落的領土，中國取回臺灣，讓臺灣回到祖國懷抱，是不可動搖的信念。中國與美國之間有爆發大戰的可能，因為中國幾十年來都不

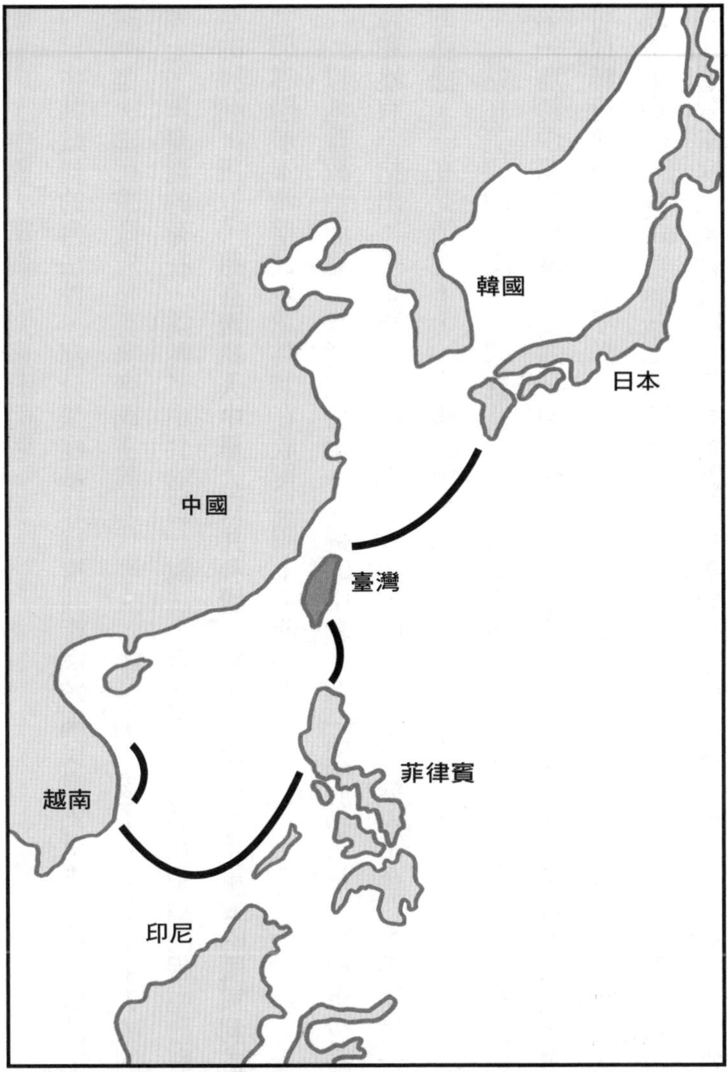

▲ 臺灣在第一島鏈的中樞，戰略地位重要，掌握臺灣便能遏止東海與南海咽喉的戰略通道。

斷重中，中國人準備好為臺灣而戰。」

中共政權的合法性，部分是建基於宣稱共產黨較國民黨更愛國：清廷將領土割讓給列強，國民黨政府是英美帝國主義的代理人，中共則收復了過去數十年失去的所有領土。但臺灣的存在，挑戰了中共的這一說法，否定了共產黨在中國內戰中已取得完全的勝利。所以，**將臺灣納入中華人民共和國，被中共視為一項重要的國家利益**，中共領導階層不希望民眾認為其在收復臺灣上無能為力。

以地緣政治而論，臺灣位於第一島鏈的中點，牽一髮而動全身。解放軍少將彭光謙和姚有志指出：「臺灣如果疏遠中國大陸，中國將永遠被鎖定在西太平洋第一島鏈的西邊。」在此情況下，「中國將會失去復興的重要戰略空間。」

站在美國的立場，如傳統基金會學者成彬所說：「除卻日本和沖繩，臺灣也許是第一島鏈中開發程度最高的一個，因此，疏離臺灣就是為中國海軍敞開大門，讓他們可以暢行無阻的進入太平洋中心。」吉原俊井補充說：「如果中國能以和平或武力手段拿下臺灣，就可以將第一島鏈一分為二，並把美國在亞太地區的前線布局切成兩半。這對二次大戰後美國在亞太地區的軍事布局來說，是前所未見的局面。」當年，日軍對在菲律賓的美軍發動攻擊，其戰機就是從臺灣出發，難怪麥克阿瑟會用「永不沉沒的航空母艦」來形容臺灣。

以意識形態而言，臺灣民主化成就斐然，一九九六年總統直選後，臺灣一直擁有充滿活力且運作良好的民主制度。納瓦羅指出：「在臺灣，開放的辯論和思想交流造成激盪，投票率極高，政權和平轉移實際展現了政治層面的自由，促進國家經濟的成長與開放。」

近年來，臺灣的各項民主自由指數在亞洲都名列前茅：二〇二三年一月二十六日，美國智庫「卡托研究所」聯合加拿大智庫「弗雷澤研究所」，共同發布二〇二二年人類自由指數，中國在東亞國家中排名最低，在全球一百六十五個國家和地區中位列第一百五十二名；臺灣在亞洲排名最高，位列全球第十四名，領先於日本的第十六名和韓國的第三十名。

臺灣的民主自由讓北京政府的專制主義者深深恐懼，因為這向中國人民和世界上其他人證明，北京最常重申的主張——基於中國本身的歷史、文化和性格，中國需要強大的專制政府來管理龐大的人口，中國人不喜歡且無法實行民主制度——是全然的謊言。川普時代的國家安全顧問麥馬斯特也指出：「對中國的獨裁與專制資本主義經濟系統而言，臺灣尤其是一項可怕的威脅，因為臺灣代表一種民主、自由市場的可能……臺灣的成功，自然徹底粉碎了中共關於中國人民不適合代議制政府與個人利益的說辭。」

2 認知戰、經貿戰及軍機擾臺的「新常態」

中國與臺灣的「準戰爭狀態」，是中國針對臺灣的單方面霸凌，中國是侵略者，臺灣是被動自衛。中國對臺灣實施認知戰、經貿戰及軍機擾臺的「新常態」，嚴重危害臺灣的國家安全。

在認知戰方面，中國對臺灣的認知戰無所不用其極。日本防衛省智庫「防衛研究所」發表的〈中國安全保障報告〉指出，中國的認知戰對臺灣是極大的威脅，一年內對臺灣政治、經濟和軍事重要機構發動超過十四億次網路攻擊，甚至藉由疫情打擊臺灣政府、利用臺灣人展開影響力行動，策反跨國企業和軍隊相關人員。

美國前副國家安全顧問、中國問題專家博明（Matthew Pottinger）在政治大學發表演講時指出：「臺灣民主已經受到攻擊。不用說，威脅來自北京，方式是所謂的

『政治鬥爭』。」他特別引用「冷戰之父」喬治・肯楠（George F. Kennan）對「政治鬥爭」的定義——「在戰爭以外，運用一個國家所掌握的所有手段，來實現其政治目的。」進而指出：中共是政治鬥爭的高手，它所採用的技巧老辣而熟練。

抖音如海洛因，讓人慢性「中國中毒」

北京的獨裁者投入巨資進行認知戰。中共利用新技術監視和控制其民眾，並漸漸開始針對世界其他地區。特別是網路社交媒體平臺，為破壞民主的敵人提供了有利的空間。而臺灣是中共對外認知戰的最前線。博明發現，中共的認知戰已經取得一些成功。比如，中共會耐心而有系統的培養臺灣和美國的商業領袖、學者和媒體人士，誘使他們以符合北京的方式影響當地民意代表和人民。北京會隨時獎勵或懲罰這些有影響力的人物，根據他們的表現，提供或封鎖商業機會和官方的聯繫管道。

在臺灣的電視、新聞媒體和私人談話中，中共認知戰的痕跡比比皆是。比如，中共讓很多臺灣人相信，中國的集權式防疫很有成效，臺灣和西方的民主制度讓防疫顯得無能。又比如，很多臺灣人說，美國把臺灣當棋子，準備把臺灣「烏克蘭化」，根據這種邏輯，臺灣加強其防禦侵略的能力是「在挑釁」。

說這種話的人，不單單是升斗小民，還有執掌蔣經國基金會多年的中研院院士、政治學者朱雲漢。朱雲漢在《天下雜誌》發表文章說：「最近一條驚悚的軍購新聞，讓我們驚覺到美國正準備將臺灣烏克蘭化。一旦美國不得不放棄臺灣這個戰略棋子，邪惡的美國鷹派，打算把臺灣的剩餘戰略利用價值，透支到極限……臺灣要拒絕接受任何形式的布雷設備部署在臺灣。不論以軍事援助或租借的形式都不允許。這是臺灣拒絕烏克蘭化的最後防線。」如果不看作者署名，讀者可能還以為是中共喉舌《環球時報》前總編輯胡錫進的言論。

新媒體成為中共認知戰的主戰場。來自中國的「抖音」迅速膨脹為世界級社交媒體，征服全球青少年。時任史丹佛大學政治系助理教授潘婕（Jennifer Pan，現為政治學及傳播學教授）與其博士生盧櫻丹（Yingdan Lu，現為西北大學傳播學院助理教授）透過大量資料與影片分析方法，研究中國如何透過抖音進行官方宣傳。他們分析了五萬支抖音熱榜影片後發現，有高達四二．五％都是由中國各級政府帳號發布。

美國內華達大學拉斯維加斯分校政治系助理教授王宏恩評論說：「中國政府是抖音高手，也充分利用抖音來達到官方宣傳的目的。抖音熱榜上充斥著中國政府帳號發布的影片，政府帳號會發布熱門影片跟其他帳號搶流量，其中有一半夾帶著官方宣傳，然後這些宣傳都是以秒數短、色彩鮮豔等方式來吸引注意。針對五萬支抖音熱榜影片的分析結果，讓我們了解中國政府的官方宣傳比過去的研究更為細緻，會利用平臺與演算法，也考量到心理學，一般人就算自己覺得沒有追蹤中國官方帳號，也會在不知不覺中看了一部又一部中國政府認可或推銷的影片。」抖音如同海洛因，是一種慢性毒品，讓人精神中毒、欲罷不能。

當年沒打下金門，如今打算買下金門

與認知戰並行的是經貿戰，其中很重要的環節，是十五萬名（按：行政院主計總處二〇二二年十二月資料）常住中國的臺灣人，其中有相當一部分是臺商，他們的利益與中共政權捆綁在一起，成為中共的人質。

二〇二三年一月十一日，國務院臺灣事務辦公室（簡稱國臺辦）發言人馬曉光在記者會上表示，前一年，中國突出的「以通促融、以惠促融、以情促融」政策，扎實推進兩岸經濟交流合作。他指出，二〇二二年一月至十一月兩岸貿易總額達兩千九百四十三．九億美元，中國新批准臺資項目為五千四百七十個，實際利用臺資十九．二億美元。然而，在這些美好言辭背後，絕非自由市場經濟和國際自由貿易的「雙贏」——中國並非民主國家，也沒有真正的自由市場。

中共沿襲中國古代的朝貢體制，將經貿視為朝貢，將經貿問題高度政治化，企圖「以商逼政」。一旦兩岸在政治上出現分歧和爭論，立即對臺灣實施經濟制裁，從不遵守世界貿易組織（World Trade Organization，簡稱世貿組織或WTO）有關規定。比如，二〇二二年十二月八日，中國無預警宣布禁止臺灣水產加工品入關，其後又在一週內接連禁止飲品、油料、食用穀物等產品，共計兩千四百件。國臺辦聲稱，因部分業者繳交的資料不完整，主管部門才暫時未給予這些企業註冊，呼籲盡快完成補件，同時嚴正告知臺灣政府：「立即停止任何政治操弄，不要做任何損害島內業者的蠢事。」

事實上，中國除了以不符《進口食品境外生產企業註冊管理規定》為由暫停進口臺灣產品外，近年來陸續以農藥檢驗、害蟲檢疫等不同理由，禁止許多臺灣產品輸入中國。中國的相關規定變來變去，無章可循，很多時候都是刻意針對臺灣。

與此同時，中共以經貿為武器，分化瓦解臺灣。最典型的例子之一，是金門縣長陳福海、縣籍立委陳玉珍繞開中央政府，訪問中國廈門，會見國臺辦主任宋濤後表示，金門高粱酒在中國「卡關」問題已解決。一點蠅頭小利，就讓某些人三呼萬歲。當年，中國沒能打下金門，如今似乎可以用錢買下金門。更諷刺的是，解放軍東部戰區在微博發布一段農曆立春與元宵節的影片，刻意凸顯舉杯暢飲金門高粱的片段，聲稱「讓一灣淺淺的海峽，不再盛滿深深的鄉愁。守護兩岸親人的好日子，守望中華民族綿長福祉。」有臺灣網友一針見血吐槽：「飛彈不撤都是假的。」

軍演是「拉滿弓，不射箭」

當認知戰和經貿戰無法讓臺灣屈服時，中國就加碼使出軍機擾臺和軍事演習恐嚇臺灣的「殺手鐧」。

據法新社（Agence France-Presse，縮寫ＡＦＰ）報導，隨著北京持續加大對臺灣的威脅，中國軍機於二〇二二年侵擾臺灣防空識別區的次數，較前一個年度翻倍，總共派出一千七百二十七架次軍機，戰鬥機和轟炸機出動次數雙雙激增。戰機架次從二〇二一年的五百三十八架次暴增到二〇二二年的一千兩百四十一架次，增加一倍多；具核武能力的轟－六等轟炸機入侵次數，從六十架次增至一百零一架次。

二〇二二年，共軍首度派遣無人機擾臺。七十一次無人機侵擾都是在裴洛西訪問臺灣後出現。軍事分析人士指出，中國的目標是利用侵擾行動來探查臺灣的防禦系統、消耗逐漸老化的空軍，並對西方，尤其是美國對臺灣的支持表達不滿。

二〇二三年一月八日晚間，中國解放軍東部戰區發布新聞稿指出，當日在臺灣周邊海域，組織諸軍兵種聯合戰備警巡和實戰化演練。這是解放軍二〇二三年首度發布圍臺軍演公告。臺灣國防部偵獲五十七架次軍機，其中逾越海峽中線及其延伸線，進入西南空域二十八架次，軍艦有四艘次。

臺灣國防部長邱國正在立法院答詢時，用「從軍四十年來最嚴峻」形容臺灣正面臨的中共軍事壓力。《紐約時報》（*The New York Times*）也以題為「摩擦起火並不遙遠」的報導形容當下臺海局勢。

臺灣國防安全研究院中共政軍與作戰概念研究所所長歐錫富認為，每當臺美關係升溫，出現具體行動或消息時，解放軍軍機就會出海示威，主要集中在臺灣防空識別區西南角，目的是為了掌握突破第一島鏈、經營南海、封鎖臺灣所需要的制空權。目前，北京主要還是「戰場經營」，為軍事戰略部署鋪路，這包括蒐集中國周邊海面以上的大氣環境，與海面以下的水文環境資訊，以及電子訊號、軍機軍艦活動模式在內的軍事動態，以求知己知彼，摸透作戰環境。歐錫富形容：「陣勢擺出來，只是拉滿弓、不射箭。」

3

「紅色滲透」全臺灣，你，紅了嗎？

作為自由與獨裁兩種價值和制度對峙最前線的臺灣，是中共「紅色滲透」的重災區。學者何清漣的《紅色滲透》一書，有專章論及中國在包括臺灣及全球媒體中的滲透。然而這只是冰山一角，臺灣的軍隊、國安部門、高科技領域，被中共滲透得更嚴重。

戰爭尚未爆發，間諜已然先行。美國學者、資深情報分析師馬提斯（Peter Mattis）與布拉席爾（Matthew Brazil）在《中共百年間諜活動》（*Chinese Communist Espionage: An Intelligence Primer*）一書中，剖析中共情報系統的歷史與組織，透視紅色情報員如何滲透、潛伏，在外交、軍事、經濟、科技上威脅全世界。中國整體的情報能力已不容忽視或小覷，從二〇〇三年瞄準美國的軍事和企業網絡，進行一連串干擾入侵的「驟雨計畫」，二〇一〇年大規模蒐集情資及盜竊智慧財產權的「極光行動」，到始於二〇〇六年攻擊國防承包商與世界各地企業組織的「暗鼠行動」，無不含有中國企圖利用駭客掌控他國情報的痕跡。在該書提供的案例中，有若干西方國家的執法人員、外交官、政府高官和國會議員等被中共收買，成為中共的走卒、代言人、代理人。

軍事將領率先叛國，法院輕判形同鼓勵

臺灣與中國的間諜戰，是戰爭的前奏，是兩岸處於「準戰爭」狀態的標誌。臺灣過去屢有斬獲，比如十四歲加入解放軍、參與過國共內戰的劉連昆少將，於一九八八年出任解放軍總後勤部軍械部長，次年發生的六四屠殺，給了他極大的刺激。一九九二年，劉連昆被臺灣情治系統吸收，先後將一百多項機密情報透露給臺灣，包括中國從俄羅斯購入的武器清單。一九九六年的臺海危機中，劉連昆將中國發射的飛彈是空包彈的祕密告知臺灣。總統李登輝為安定臺灣股市和民心，說出了「飛彈是空包

彈」的真相。

中共由此意識到情報外洩，透過內部調查破獲劉連昆案。劉連昆被捕並遭槍決，其牌位被迎入臺灣軍事情報局內的忠烈堂。後來又有空軍指揮學院院長劉廣智少將、負責軍方航太開發的裝備發展部副部長錢衛平等，因向臺灣提供情報而被捕並判重刑。然而，近年來，臺灣對中國的情報工作已處於下風，中國在該領域投入的資源為臺灣的數百倍，臺灣難以與之競爭。

《中共百年間諜活動》列出一張中國在臺灣的間諜，及被中國招募的臺灣軍事和情報人員及臺商名單：張祉鑫、陳筑藩、陳蜀龍、陳文仁、錢經國、周自立、何志強、謝嘉康、辛澎生、許乃權、柯政盛、葛季賢、郭台生、李志豪、劉其儒、羅賢哲、盧俊均、沈秉康、王鴻儒、鎮小江、周泓旭……這只是部分被偵破和公布的案件，未偵破和未公布的案件必定更多。

這張名單中有多名國軍中將、少將，觸目驚心。比如前海軍中將司令柯政盛，海軍官校五五年班畢業，曾任海軍官校總隊長、三軍大學（現為國防大學）戰爭學院主任教官等，一九九三年晉升少將後，陸續擔任海軍水雷艦隊長、海軍總部督察長和海軍艦隊司令部副司令等，再於二〇〇〇年晉升中將及擔任國防大學軍事學院海軍學部主任、海軍教育訓練暨準則發展指揮部（簡稱海軍教準部）司令等，二〇〇三年退役。同年，經臺商介紹，被解放軍總政治部聯絡部官員吸收，涉嫌洩密給中共情報單位，並利用軍中人脈為中共發展組織。二〇一三年九月三十日，被判刑十四個月。

陳筑藩，曾任憲兵司令部中將副司令，涉介紹國防部特種軍事情報室少校陳蜀龍給中共情報單位，亦曾洩漏赴中國蒐集情報的臺灣人員姓名給中共。二〇一六年五月十八日，高等法院以證據不足，判決其無罪。

相較於中國對成為外國間諜的政府官員和軍人的嚴厲制裁，臺灣的法律和法院判決網漏吞舟，無法遏制層出不窮的叛國行徑，反倒起了鼓勵和示範作用。

間諜被輕判的案例之一是：臺灣工黨主席鄭昭明被控遭中國吸收成為間諜，涉嫌介紹時任中校軍官的兒子鄭智文與中方情報員認識，並允諾一旦中共犯臺，將不會抵抗並簽署協議書。鄭昭明父子分別被判刑十個月及一年，緩刑三年。判決指出，鄭昭明被中國福建統戰部情報員李志康吸收為間諜，二〇〇九年帶着兒子以家族旅遊名義，前往東京與李餐敘，李向鄭智文表示想要了解他在軍中的業務、臺灣軍中「反臺獨」與士氣等情形，並贈送瓷器花瓶及一千美元。隔年，鄭昭明再次安排鄭智文到新加坡旅遊並與李見面，後者要求有機會再引介其他現役軍人出國結識，並提及將來若中共武力犯臺，希望鄭智文能夠循「北平模式」（按：一九四九年綏遠地區宣布脫離中華民國政府，接受共產黨領導，此模式被毛澤東稱為「北平模式」），對共軍採取不抵抗策略。鄭智文當場簽署兩岸互信協議書。案發後，臺南地方法院依違反《國家安全法》分別輕判鄭家父子十月、一年，且緩刑三年。二審及最高法院終審，皆維持此輕判。

共諜獲判緩刑，輿論譁然。這並不能顯示臺灣在法治上比中國進步，反而凸顯司法系統對國家安全的漠視。政治大學法學院副教授林佳和指出：「法院對於危害國家安全的行為，輕視到這個地步，讓我訝異。」

轉型正義可以無限上綱，當共諜又何妨？

路透社（Reuters）曾針對臺灣國安問題發表題為〈文件顯示中國間諜已滲透臺灣

軍方〉的深度調查報導，剖析中共多年來吸收國軍將領，企圖在軍方製造一股「不忠誠」勢力。報導以「謝錫璋共諜案」為例說明：謝以香港商人身分來臺，以招待高階軍官與眷屬出國旅遊、贈禮等方式，鎖定接近退休將領，再利用退休將領人脈，幫助共滲透到現役軍方領導階層，吸收軍方人員發展地下間諜組織超過二十年。事發後，謝遭通緝，卻逃逸出境。該報導指出，中國間諜案件頻傳，顯示中國發動了一場廣泛的運動，透過破壞臺灣的軍事和文職領導階層，腐蝕其戰鬥意志，獲取高科技武器細節，並深入了解國防規畫。中國甚至滲透了保護臺灣總統的維安特勤人員：一名退休的總統安全官員和一名負責保護總統的現役憲兵中校，因向中國情報機構洩露有關蔡英文安全的敏感訊息而被定罪。

有臺灣退役軍人坦言，共諜案頻傳，恐讓美方對臺懷抱戒心，不願分享先進武器或敏感情報，擔心這些機密會洩漏給中國，同時，這樣氣氛下恐對軍中領導出現不信任感，削弱領導威信。長期研究臺灣問題的退役美國海軍陸戰隊上校紐夏（Grant Newsham）表示，高階軍官接連被判間諜罪，肯定會影響軍隊內部信任度，一旦對領導階層的忠誠產生懷疑，就會加深軍隊的腐敗程度。

《日本經濟新聞》在〈臺灣未知的真面目〉的專題報導中指出，臺灣高級軍官退伍後，有九〇%都到中國去做生意，「臺灣目前最大的問題，就是國軍中有很多協助中國的間諜。」中國要是真的對臺灣發動攻擊，負責防守臺灣的國軍恐怕會「禍起蕭牆」。該報導甚至質疑國軍的「中國成分」，會不會使其無法與日本合作抗中。對於此報導，前國軍高級將領、退輔會主委馮世寬甚至在立委面前說，這項報導是「胡說八道」、「放他媽個屁！」然而，說粗話的「豪邁」，絲毫不能打消臺灣民眾和友邦的擔憂。

「紅色滲透」如入無人之境，不僅因為中國情報部門多財善賈、有錢能使鬼推磨，更是因為臺灣的國家認同存有模糊之處——若不能正確定義自己，就無法正確定義彼岸的中國。若承認臺灣是中國的一部分，臺灣軍人為何要對抗中國蠶食鯨吞的野心？再加上有關部門對兩蔣時代真正共諜案錯誤施行的「轉型正義」，導致司法機關和民眾普遍對共諜的危害性無感。

當年，國民黨的白色恐怖駭人聽聞，無辜受害者理應獲得平反和國家賠償。但是，政府和軍方的高級官員充當共諜而受法律制裁並不冤枉，這部分案件並非冤案，亦不應當在平反之例。比如，北京西山有公墓專門紀念到臺灣從事間諜活動，而遭國民黨捕殺的「英雄」和「烈士」，如國民政府國防部次長吳石等人。這種人在任何一個民主國家都會被治罪。若此類共諜也成為「轉型正義」的對象、也能獲得平反，那麼，當下及未來的臺灣軍政人員，為什麼不可以理直氣壯的充當共諜呢？

4 三場國際戰爭，預測三個攻臺時間點

從蔣經國時代後期至今日，中國與臺灣經過幾次危機，但兩岸大致上處於「準戰爭狀態」。

這種狀態並不穩定，打破這種狀態的契機，一方面是臺灣內部情勢改變，例如臺灣獨立成為主流民意，以全民公投修改憲法、更換國名（直接名之為「臺灣共和國」），則中共對臺灣動武的機率極高；另一方面是中共政權（或「後中共政權」）自身出現重大危機，以武力侵略臺灣來轉移其內部危機。

兩岸由「準戰爭狀態」演變為戰爭狀態，可能存在三個時間點，而三個時間點又分別對應三場可作類比的戰爭。

習近平有個夢，靠武統臺灣實現

第一個時間點：習近平執政進入末期，權力鞏固，國內再無反對聲音，國際社會繼續對中國採取綏靖主義政策。此時，習近平志在比肩毛澤東的歷史地位，而能鍛造此一歷史地位的大動作，唯有武力統一臺灣。武統臺灣，乃是習近平的「中國夢」及「中華民族偉大復興」的頂點（習近平不會提起中共建政以來「讓給」蘇聯數十萬平方公里領土的事實）。

該時間點對應著伊拉克獨裁者海珊（Saddam Hussein）侵略科威特的戰爭。此前，伊拉克與伊朗在「兩伊戰爭」中兩敗俱傷，海珊未能取勝，統治陷入危機，為鞏固政權並提升其歷史地位——向歷史上的征服者薩拉丁（Saladin）看齊，便發動吞併科威特的戰爭。

占據科威特是伊拉克建立「大阿拉伯聯盟」的第一步。伊拉克政府有一套說辭將入侵正當化：科威特自古就是伊拉克領土之一部分（這也是中共對臺灣的說辭），科威特是英國在十九世紀藉由殖民擴張而人為製造的「非法國家」——一九一三年，英國與鄂圖曼帝國簽署《一九一三年英鄂協定》（*Anglo-Ottoman Convention of 1913*），將科威特從帝國分裂出去，使其成為一個半獨立的酋長國。一九六一年六月十九日，科威特脫離英國獨立建國，但伊拉克始終沒有承認科威特獨立。伊拉克政府還宣稱，科威特埃米爾（按：科威特國家元首的職位）是非常不受科威特人民歡迎的腐敗君主（某種程度上是事實），他們出兵是幫助科威特人民推翻君主制、給予科威特人民更多經濟和政治自由（當然是謊言，因為伊拉克人在海珊的統治下，根本沒有經濟和政治自由）。

海珊不能拿到檯面上的入侵理由有三：第一，兩伊戰爭期間，伊拉克欠下八百億美元外債，單單欠科威特就有一百四十億美元。海珊認為，兩伊戰爭成功阻止伊朗對科威特的覬覦，要求科威特免除巨額債務卻被拒絕，使兩國關係越來越緊張。

其二，海珊企圖透過占領科威特獲得出海口。伊拉克的一小段沿海區域泥沙堵塞，無法建立大型油輪靠岸的港口。只有擁有出海口及港口，其石油才能順利的大量外銷，而無須經過第三國中轉。

第三，科威特雖是彈丸之地，石油資源卻超過伊拉克。科威特提高石油產量，讓伊拉克利益受損，且不願為了配合伊拉克而減產。伊拉克若吞併科威特，也就能將科威特的石油資源據為己有，且得以左右其產量。

一九九〇年八月二日凌晨二時，海珊下令十萬大軍對科威特發動進攻。短短三小時，這個小國的首都就淪陷了。元首賈比爾三世（Jaber III Al-Ahmad Al-Jaber Al-Sabah）逃往沙烏地阿拉伯，其弟弟法赫德（Fahad Al-Ahmed Al-Jaber Al-Sabah）在保衛代斯曼宮的戰鬥中殉國，屍體被伊拉克軍隊特意放置在戰車前碾過。六天後，伊拉克宣布正式將科威特併吞為第十九個行省。

不過海珊的勝利只維持了短短幾個月。伊拉克前將領塔菲克（Subhi Tawfiq）接受半島電視臺訪問時指出：「那天早上聽到（入侵）消息時，痛苦和絕望淹沒了我。對於兩個波斯灣國家來說，都是可怕的一天；對伊拉克而言，這絕對是走向盡頭的開端，自此一切都變了。」

美國和聯合國迅速展開外交行動和經濟制裁，但伊拉克置若罔聞。一九九一年一月十七日，由聯合國授權組成的三十五國聯軍執行「沙漠風暴行動」，開始大規模空襲。二月二十四日，聯軍兵分三路發動地面進攻，僅花一百小時就擊潰伊拉克軍隊，迫使海珊撤出科威特。老布希（George H. W. Bush）時代的軍事行動點到為止，只是恢復科威特的主權，並未乘勝追擊、推翻海珊政權（留下海珊政權是為了制衡更危險的伊朗基本教義派政權）。

▲ 美軍出動 F-15E、M1 艾布蘭主力戰車及愛國者飛彈執行「沙漠風暴行動」，僅花 100 小時便迫使海珊撤出科威特。（圖片來源：維基共享資源公有領域。）

到了小布希（George Walker Bush）時代，藉由九一一恐怖襲擊事件，美國發動伊拉克戰爭，美軍開進伊拉克境內，一舉摧毀海珊政權。海珊在其家鄉的一個地窖中被美軍逮捕，隨後便被伊拉克法院判處極刑。海珊被絞死的照片，對所有和美國對著幹的獨裁者而言絕非好兆頭。「雖遠必誅」是中國電影裡的經典臺詞，但美國卻是來真的。

習近平之後，軍政崛起，以攻臺樹立威信

第二個時間點：習近平退休或死亡後，中共高層陷入內鬥，軍人崛起，建立軍政權。軍政權及軍事獨裁者為樹立威信、凝聚民心，一意孤行的發動對臺戰爭。

我們可以阿根廷挑釁英國的福克蘭群島（阿根廷稱之為馬爾維納斯群島）之戰當例子。一九八二年的福島戰爭，包括反潛作戰、反水面作戰、水雷反制作戰等，是二戰後規模最大的海洋武力衝突。

福克蘭群島是英國海員在一六九〇年發現、以英國海軍司令福克蘭（Anthony

Cary, 5th Viscount of Falkland）的名字命名。後來西班牙在此建立據點。一七七一年，英國與西班牙簽訂協定，英國獲得該島的管轄權。一八三三年，英國移民在此定居。阿根廷自一八一六年獨立後，拒絕承認英國對該島擁有主權，將該島劃入其版圖。英阿兩國為福克蘭群島的主權歸屬一直爭端不斷。

一九八一年十二月，阿根廷發生軍事政變，第三個軍事集團上臺執政，加爾鐵里將軍（Leopoldo Fortunato Galtieri Castelli）成為總統，政府各部官職由不同兵種司令擔任。當時阿根廷正處於國內經濟嚴重通貨膨脹、社會問題叢生、政治極不穩定的狀態。加爾鐵里非常依賴海軍的支持——阿根廷海軍擁有航空母艦，海軍總司令安納亞（Jorge Isaac Anaya）對「收復」福克蘭群島持強硬態度。於是，軍政權決定趁英國守軍兵力薄弱時出兵，占領該島，並評估英國鞭長莫及，只能默認既成事實。此戰可激發國民的愛國心，轉移人民對於軍人執政的不滿。

一九八二年三月十日，阿根廷工人登上南喬治亞島（按：當時的福克蘭群島殖民地），插上阿根廷國旗。四月四日，阿根廷軍隊占領了福克蘭群島，少數英國守軍投降。

然而，阿根廷軍政權沒有想到，其對手是英國首相「鐵娘子」柴契爾夫人（The Baroness Thatcher）——柴契爾夫人很喜歡「鐵娘子」（The Iron Lady）這個稱呼，她在面對蘇聯及其共產主義盟友時態度強硬，對獲得蘇聯支持的阿根廷自然毫不退縮，「我們會將我們的島奪回來。」這是她做出的最簡短的決定，一如二戰時的邱吉爾（Winston S. Churchill）。

經過兩個多月的戰鬥，英國付出陣亡兩百五十五人、三艘軍艦被擊沉的代價，贏得這場戰爭，阿根廷的傷亡是英國的兩倍以上，還有九千八百人被俘。柴契爾夫人在回憶錄中表示：「這種戰爭意義極其重大……它捍衛了重要的基本原則：無論何時都不能讓侵略者得逞，而『國際法』的權威也應該高於武力手段。這場戰爭對於東西方關係也非常重要。多年之後，一位俄羅斯將軍告訴我，當時蘇聯人堅信我們不會為福克蘭群島而戰，即使真的打仗也注定會輸。我們用行動證明他們判斷錯了，而他們也沒有忘記這一事實。」

戰前，阿根廷軍政府一直無力解決的經濟問題，成為民眾撻伐的核心。軍政府曾向世界銀行（World Bank，縮寫ＷＢ）和國際貨幣基金組織（International Monetary

Fund，縮寫ＩＭＦ）增加貸款卻無力償還，戰時巨大的花費更讓經濟雪上加霜，戰敗讓阿根廷人民對軍政府更為不滿。一年後，軍政府被推翻，總統加爾鐵里和多名軍方高層被迫辭職，取而代之的是新總統阿方辛（Raúl Alfonsín）。

軍政府執政時期，曾任意逮捕、酷刑折磨乃至殺害反對派和平民，在七年的軍政權統治期間，有一到三萬人被害或「失蹤」，史稱「骯髒政治」或「骯髒戰爭」。阿方辛上臺後，首要解決的便是嚴重的經濟問題，與前政府對人權的破壞，推動轉型正義和「再民主化」，對前軍政府成員提起刑事訴訟、展開軍事審判——這是這場失敗的戰爭帶給阿根廷的、意外的正面效應。未來中國若出現軍政權，而這個軍政權企圖出兵臺灣，那麼，在出兵之前，應當好好學習福島之戰的歷史。

中國民粹戰勝民主，非理性對臺動武

第三個時間點：後共產黨時代的中國，民主轉型失敗，走向法西斯化和帝國擴張之路，出現普丁式「民選」強人領袖。這種由民族主義和民粹主義驅動的威權體制，很可能輕率的對臺動武。

該時間點對應普丁對烏克蘭的侵略戰爭。普丁一直以俄羅斯的國家安全為藉口，對外展開軍事行動，但他長遠的目標，是想讓俄羅斯從蘇聯解體後的灰燼中重生、恢復俄羅斯帝國的歷史榮光，與蘇聯全盛時期的影響力。

然而，普丁執政下的俄羅斯早已百病叢生，不止民生凋敝、腐敗盛行，還迫害反對黨領袖、箝制言論自由。在俄羅斯併吞克里米亞半島後，歐美國家一連串的經濟制裁，重創俄羅斯的經濟，讓中產階級深受其害。普丁若在此種情況下卸任，無疑是留下一個難堪的爛攤子，這讓他必須高舉俄羅斯民族復興的大旗，來掩飾此種窘境。發動烏克蘭戰爭，是其重塑政績和歷史地位的捷徑。俄羅斯國際事務委員會主席安德烈・科爾圖諾夫（Andrei Kortunov）認為，「普丁需要一場勝利，他至少需要一些可以在國內向選民展示勝利的東西。」

自一九九一年獨立以來，烏克蘭逐漸轉向西方——歐盟和北大西洋公約組織（North Atlantic Treaty Organization，簡稱北約或NATO），親俄派腐敗政客被顏色革命（按：指烏克蘭二〇〇四年的橘色革命，民眾抗議第二輪投票選舉舞弊，最終重新選舉，並選出親歐盟的政府）推翻。普丁立志扭轉這一局面，他聲稱俄羅斯人和烏克蘭人是同一個民族，「烏克蘭從來沒有真正的國家傳統。」在開戰前夕一場莫名的電視講話中，他稱烏克蘭是一個虛構的國家，「完全由俄羅斯創造」，並從俄羅斯帝國手中被奪走。

這番言論荒誕且歪曲歷史，卻符合普丁扭曲的世界觀。而後他發布一項命令，承認烏克蘭兩個分離主義者控制的地區獨立，並向那裡派兵，聲稱派出的是幫助烏克蘭「去納粹化」的「維和部隊」。

這場戰爭是當代俄羅斯的一個關鍵時刻。普丁沒有想到，由於烏克蘭頑強抵抗，俄羅斯軍隊陷入一場曠日持久的戰爭，傷亡人數超過十萬名，各種弊端暴露無遺。英國巴斯大學安全領域資深學者伯里（Patrick Bury）表示，戰爭爆發前，各界評估下一場戰爭將會是高科技之戰，以各種最新科技與網路攻擊為主，火砲與戰車則將成為配角。然而，根據目前情況看來，傳統槍砲彈藥仍是俄烏戰爭主角，強大的火砲系統與裝甲戰力，也仍是戰場上最具宰制力的裝備，因此「傳統戰爭、國與國之間交戰的形態已然回歸」。

入侵烏克蘭沒有為俄羅斯重振雄風鋪平道路，反而讓普丁聲名狼藉，讓俄羅斯外交上被孤立、經濟癱瘓、戰略脆弱。俄羅斯外國情報局局長謝爾蓋・納雷什金（Sergei Naryshkin）承認：「俄羅斯的未來及其在世界上的地位岌岌可危。」

這場戰爭加速形成兩個對峙陣營。美國前國務卿歐布萊特（Madeleine Korbel Albright）指出：「烏克蘭有權享有主權，無論它的鄰國是誰。在現代，大國都接受這一點，所以普丁也必須接受這一點。這正是現代西方外交要傳達的東西。它定義了一個法治世界，與一個毫不理會任何規則的世界之間的區別。」

美國智庫「德國馬歇爾基金會」副主席萊瑟（Ian Lesser）指出，包括中國、北韓、伊朗等國家與俄羅斯之間的關係，都因為戰爭的發展而更加緊密。中國是這場戰爭的受益者。

經濟學人智庫（Economist Intelligence Unit，縮寫ＥＩＵ）全球預測部門主管德瑪雷（Agathe Demarais）指出，俄羅斯當前處境無法跟中國平起平坐協商，俄烏戰爭反而使莫斯科面臨淪為北京附庸或衛星國的風險。

英國倫敦國王學院教授傑爾曼（Tracey German）指出，俄烏雙方的戰爭，已逐步擴大為「以美國為首的自由世界」，以及「由怒氣衝天的俄羅斯，與受戰爭鼓舞、正在崛起的中國」，兩個陣營對立的局面。

日本首相岸田文雄訪美時，在霍普金斯大學發表演講表示，俄軍對烏克蘭展開侵略的那一刻起，後冷戰時代就已告終結，國際間的合縱連橫、地緣政治等面向，也都因此出現轉變。

俄烏戰爭影響習近平對臺政策

另一方面，普丁在烏克蘭遭遇重挫，對於習近平或任何一個在中國掌權的獨裁者來說，都是讓其心驚肉跳的噩耗。美國麥凱恩國際領導力研究所執行總監艾芙琳・法卡斯（Evelyn N. Farkas）指出：「我們對習近平的了解是，他與普丁不同，他似乎不像普丁願意冒險。因此，他會非常密切關注俄羅斯正在發生的事。對於習近平來說，在經濟壓力下，他希望烏克蘭這場戰爭能夠落幕。當然，他會希望戰爭以有利於俄羅斯的方式結束。」

毫無疑問，烏克蘭戰爭將影響習近平的對臺政策。一些國際問題觀察人士猜測，中國可能將西方對俄羅斯入侵烏克蘭的反應納入武統臺灣的策略，國際社會是否追究、如何追究普丁發動戰爭的責任，將成為習近平的關注重點。

中國是全球唯一以武力威脅臺灣的國家，習近平是擁有吞併臺灣野心的中共黨魁。美國前國務卿蓬佩奧（Mike Pompeo）在回憶錄中寫下對金正恩、普丁和習近平的感覺，他稱處決姑父張成澤等元老的金正恩是「嗜血的癩蛤蟆」，但又評價說，「世界上最危險的人」是習近平：「我個人認為，習近平很陰沉。普丁雖然邪惡，但他也可以有趣、可親，但習近平卻長著一雙超乎尋常的死魚眼。我從未見過習近平自然的微笑。」蓬佩奧對習近平的認識，理應成為臺灣人的共識。

面對以上三個時間點，臺灣人需要甄心動懼、晝警夕惕，國家存亡，絕非兒戲。而三個時間點對應的三場戰爭，都是鮮活的「資治通鑑」，臺灣人應當具備縱深的歷史思考和廣闊的國際視野，如此方能對中國變化多端的各種侵略手段做到水來土掩、兵來將擋。

第二章

封鎖海域取代開戰，這種戰術德國用過

用中國人的比喻來說，北京的戰略就像武俠高手用點穴擊倒強敵。

——美國國防政策顧問、中國問題作家
白邦瑞（Michael Pillsbury）

1 海上封鎖加切斷電纜

中國作家王力雄在其政治寓言小說《黃禍》的續集《轉世》中，設計了解放軍將領繞過中央軍委，調兵遣將封鎖金門的情節：

解放軍以軍事演習為名，宣布距中國海岸線五十海里（按：約九十二．六公里）範圍內不得進入，由此將金門周邊海域及空域也劃入其中。

當臺灣華航客機快要接近金門機場時，遭到三架中國戰機攔截。機長試圖爭辯事先沒有公告演習不符合國際慣例，何況這是臺灣國內航線，中國無權攔截。對方回答：「這裡沒有國際，是在中國領海內演習，無需公告，臺灣屬於中國而非國際，必須服從中國主權。」並威脅發射飛彈。客機只好返航。隨即，臺灣到金門的海上航線也被攔截。臺灣軍用艦隻被中國軍艦的導彈和魚雷瞄準驅趕。原已在金門的艦艇被警告只許停在港口，出港即摧毀。

向金門運送醫藥和醫療器材的臺灣船以人道理由進行交涉，中國軍方回答：臺灣民用船需先停靠中國泉州港，報關後再駛往金門。封鎖期間，金門有任何需要都可向中國提出，保證得到供應。金門本地無法醫治的病人送至廈門，可選擇在中國還是去臺灣醫治。總之金門與外界一切聯繫自由，唯一的變化是須透過中國中轉。果然，在此期間，金門人的日常生活幾乎不受影響，甚至因為中國供應豐富，市場價格還有下降。金門與外界通訊不受阻礙，人員來往自由，只是先到中國通一次關，實質影響非常有限。

小說中，對此一封鎖行動，中國兩名不同派系的高級智囊，在網路上展開一場針鋒相對的討論：

鷹派說：「用這個模式封鎖臺灣怎麼樣？」

鴿派心頭一震——少壯派一直強調時間不在中國這邊，越往後拖，臺獨趨勢越難挽回。臺灣民眾不見棺材不落淚，對威嚇只會逆反。中國以前有過幾次空喊：「狼來了。」這次封鎖金門沒有流血，如果再不了了之的結束，會被當作又一次狼來了。難道封鎖金門真的是為了進一步封鎖臺灣？這倒是以前沒人想過的模式。

他回答說：「臺灣問題的關鍵是民心，民心遠離，統一了也無法管理。若是實行專制統治，成本難以承受，還會把自己變成世界公敵。」

鷹派表示，不需要統治臺灣，只是封鎖金門模式的擴大——「不需要占領，臺灣島內保持原狀，人員物資來往自由，只須經中國中轉，就把臺灣的外交權拿到我們手中。臺灣軍隊可以在本島及十二海里（按：約二十二．二二四公里）範圍活動，與我們原來答應臺灣保留軍隊不矛盾。但我們的軍隊包圍在臺灣之外，便相當於兩岸國防處於一體之內。拿下了外交和國防就是控制了臺灣主權。臺灣內部會鬧，臺軍也會試圖突圍，但是翻不了天，他們打不贏。我們不登陸臺灣本島，美國沒有理由干涉。這種狀況維持若干年，從激動到平靜，再到融合。等雙方相互適應時，再說進一步統一。這樣做至少可以止住臺獨的步伐，打破目前這種眼看著臺灣步步遠離，卻無所作為的被動。」

鴿派質疑，臺灣畢竟不是金門的十萬人，是兩千三百萬人，中國能負擔多久？

鷹派不認為這是問題：「臺灣經濟照常運行，只是對外聯繫和進出口轉道中國的海港空港，經過中國的海關。中轉增加的費用由中國政府支付，臺灣經濟因中轉遇到困難也由中國政府解決。這點代價是該付的，也付得起。」

鴿派換了一個質疑方向：「先不說能不能對付得了臺灣反彈和國際壓力，就這種模式本身而論，即使見效也需要相當長的時間，會不會還沒見效時我們這邊先出問題，維持不下去了？那時白付了代價不說，臺灣還會被推得更遠。」

在小說中，由於中共內部權力鬥爭，對金門的封鎖很快結束，更沒有展開對臺灣的封鎖——封鎖臺灣需要的兵力和資源，是封鎖金門的上百倍。共產黨內部不同派系的鬥爭刀刀見血，另一派系故意挑動新疆的民族衝突，讓國內和國際輿論很快從臺海轉向西北，封鎖金門變得毫無意義。

現實中也是如此：中共靠超過軍費的巨額維穩費用，勉力壓制不同地區、不同民族和不同階層的反抗，維持其獨裁統治，一旦某處失控，必然引發骨牌效應，整個統治模式可能崩潰。

用封鎖取代開戰，減少外國勢力介入

但是，中共封鎖臺灣的可能性確實存在。當中國對臺灣的認知戰、貿易戰和軍機擾臺的「新常態」統統失效，而臺獨逐漸成為臺灣不可逆的主流民意、並在憲制層面有所突破之際，封鎖臺灣或許成為中共的選項——中共常年煽動和操弄民族主義和民粹主義，若不能在阻止臺灣獨立上有所作為，這股早已高溫沸騰的民族主義和民粹主義思潮，必然形成對中共自身的反噬力量。

雖然在國際法的意義上，封鎖意味著戰爭，但中共希望透過並非直接開戰的封鎖，不發一槍一彈，實現「不戰而屈人之兵」的目標。在戰術層面，封鎖臺灣有一定的可能性。前臺灣海軍艦長、戰略學者張德方認為，對中共而言，封鎖臺灣的主要考量是截斷臺灣的經濟命脈，並孤立臺灣。中共領導人普遍認為，對臺灣實施封鎖不但是能力所能及，也是對臺施壓最有效的懲罰手段。

此外，中共也認為這種做法可減少外國勢力介入。封鎖可以布雷、潛艇或水面艦艇行之，也可能以導彈威懾的方式，達到封鎖效果。

臺灣如果遭到中共封鎖，將造成嚴重影響：第一是民心士氣產生巨大之衝擊；第二，立即破壞臺灣的經濟貿易及對外航運之暢通；第三，可收打擊臺灣作戰艦艇，逐漸消耗海、空軍戰力之效。未來中共可以在臺灣周邊海域對島上各主要港口，如高雄港、基隆港等實施近距離封鎖。也可能在進出臺灣的公海航線上，以臺灣船籍為對象，進行海上遠距離封鎖。

臺灣學者鍾堅在論文〈臺灣聯外海上航道：遠程反封鎖之敏感性〉中指出，中國封鎖臺灣的理由有三：首先，文化大革命（簡稱文革）中培訓的共軍將領逐漸接班掌權，他們是習近平的同代人，具備戰狼人格，願意充當習近平的打手，成為臺海亂源所在。

其次，中共已擁有航程極遠的主戰軍艦，如新式驅逐艦和潛艇，其航母艦隊也訓練成軍，經常在南海航線、巴拉望航線的南沙水域，以及沖繩航線的釣魚臺水域（此三者為臺灣聯外的三條重要航線）偵巡演訓，累積了一定的經驗。

第三，中國雖批准了《聯合國海洋法公約》（*United Nations Convention on the Law of the Sea*，縮寫UNCLOS），卻從不遵守有關條文，向來視南海諸島及釣魚臺周遭為中國歷史性水域，認為在此區域攔截、檢查，乃至扣押他國商輪理所當然，更不用說被其認定是本國內部的臺灣船隻了。

美國智庫兵推：灰色地帶戰術

中共封鎖臺灣，還可能採取一種最新手段：斷電纜的「資訊封鎖」。根據美國網路媒體《Grid》指出，中國若要求進入臺灣的航運貨品必須先經過中國海關，這會使臺灣貿易放緩，而非全面中斷，促使全球企業重新考慮此航線，且可能中斷對臺的軍援，但此招的風險，就是臺灣和美國也能用相同方式反制中國的海運航線。

因此，部分專家認為，相較於海上封鎖，中國可能切斷臺灣電纜。過去有過非洲島國模里西斯在二〇一八年因海底電纜無故被切斷，全國網路停擺兩天的事件。臺灣的網路仰賴十五條海底電纜，恐怕會面臨相似情況。俄羅斯入侵烏克蘭時，也採取破壞烏克蘭電纜及網路通訊的戰術，雖然馬斯克（Elon Musk）的「星鏈」（Starlink）衛星讓烏克蘭在戰火中仍能保持連結，但不足以維持臺灣這樣的高科技經濟體運作。而且，進行資訊封鎖的優勢是，犯案國能輕易否認破壞海底電纜的罪行。

在判斷中共可能對臺灣實施哪一種封鎖時，有幾個因素必須一併考量：中共實施封鎖欲達成的目標、中國實施封鎖的能力、中立國干涉之可能、國際社會之反應等。如果中共欲達成的目標，是一次徹底解決臺灣與中國統一的問題，中共有可能實施全面、有效的戰時封鎖；但如果中共目的是在試探外國之反應，或警告臺灣不要走向臺獨，則可能只是宣布「紙上封鎖」，或實施有限度、局部的封鎖。

封鎖需要動用相當武力，但並不一定立即觸發戰爭。美國智庫「新美國安全中心」兵推專家瓦瑟（Becca Wasser）認為，這是一種「灰色地帶戰術」。近年來，灰色地帶戰術成為一門顯學，有可能被中共用來對付臺灣。

美國成功封鎖古巴，中國學得來嗎？

歷史上成功封鎖一個較大島嶼的案例，是美國在一九六二年封鎖古巴。古巴的面積是臺灣的三倍，人口是臺灣的一半。當時，蘇聯在古巴安置彈道飛彈，且可升級為核彈頭，嚴重危及美國的國家安全。於是，美國在佛羅里達集結十萬名陸軍和三分之一的戰術戰鬥機，海軍也在這一地區集結了二戰後規模最大的兩棲兵力，對古巴實施海上封鎖，局部控制海域，防止蘇聯向古巴運送攻擊性武器和配套物資，但沒有禁止食品、石油和其他貨物的運輸。

美國海軍史專家喬治・貝爾（George W. Baer）指出，美國海軍孤立了危機區域，有選擇性的封鎖是「甘迺迪（按：John F. Kennedy，時任美國總統）的古巴剃刀」，是實施影響力的手段。參謀長聯席會議指派的司令官海軍上將羅伯特・丹尼森（Robert Dennison）率領第一三六特混艦隊出色的完成了任務，九十艘戰艦建立起封鎖，為覆蓋封鎖區域一共航行了七十八萬英里。參加全部行動的戰艦共計一百八十三艘，來自六十三個中隊的海軍飛機飛行了九千架次。

幾天之後的十月二十八日，蘇聯領導人赫魯雪夫（Никита Сергеевич Хрущёв）退卻了，宣布蘇聯從古巴撤走攻擊性武器——四十二枚飛彈和四十二架輕型轟炸機。古巴飛彈危機——以美國海軍力量為核心的靈活反應案例——結束了。這場失敗嚴重打擊了蘇聯的國際聲望，和赫魯雪夫在國內的威信。

然而，中國很難照搬這一成功的案例，中國若封鎖臺灣，將面臨比美國封鎖古巴更大的困難：首先，臺灣周邊區域是最繁忙的國際航線之一；其次，臺灣的經濟，尤其是晶片生產牽動全球；第三，美國的空軍和海軍力量，中國仍無法企及。

2

封鎖臺灣就是宣戰

進入二十一世紀以來，中國迅速增長的軍費，大部分都進入海軍囊中（與此同時，陸軍裁撤了三十萬名兵力），中國的戰艦數量已超過美國，居世界第一。

二〇二二年八月，美國眾議院議長裴洛西訪臺惹怒中共，中共在臺灣周圍實施一系列軍演，引發國際高度關注。中國國防大學教授孟祥清接受中國中央電視臺（簡稱央視）訪問時表示，解放軍此次軍演選擇這六個區域，是為了展示中國如何切斷臺灣的港口，攻擊其最重要的軍事設施，並切斷可能援助臺灣的外國勢力准入。

德國之聲（Deutsche Welle）形容此次中共軍演是對臺灣的「準封鎖」；美國有線電視新聞網（Cable News Network，簡稱ＣＮＮ）報導，此次共軍演習是展示封鎖臺灣的能力，能以飛彈等空中威脅策略配合海上封鎖孤立臺灣。美國印太司令部

（United States Indo-Pacific Command，USINDOPACOM）聯合作戰情報中心前行動主任舒斯特（Carl Schuster）表示，習近平無法霸凌裴洛西，便透過其他方式展現中國在經濟、軍事、外交上的實力。

中共實施六個區域軍演，表明中國能夠封鎖臺灣，要接管臺灣可以從孤立戰略開始。這次軍演證實，無須一直派出海軍艦隊，而是透過飛彈等空中威脅方式阻止航運、空運，達到封鎖之目的。從這次演習推估，北京當局未來要拿下臺灣，會先進行飛彈、空襲策略，以打擊臺灣當局。直接入侵臺灣本土會是最後的策略。

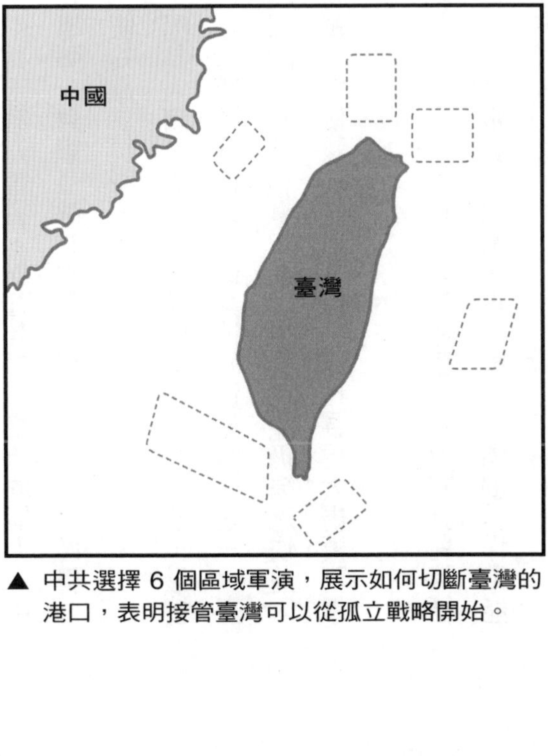

▲ 中共選擇 6 個區域軍演，展示如何切斷臺灣的港口，表明接管臺灣可以從孤立戰略開始。

《紐約時報》在一篇報導中指出，中共正磨刀霍霍，加強其封鎖臺灣的能力；中共將試圖用船隻、潛艇、軍艦、飛機和導彈，封鎖臺灣的兩千三百萬居民，從實體、經濟甚至網路層面將其與外界隔絕，「使其孤立無援。」

臺灣的地理環境使其容易被封鎖，因為人口、工業區和港口都集中在西部，最接近中國。即使中共實施有限度封鎖，也足以威脅到世界上最繁忙的貿易路線之一，臺灣海峽的大部分航運，都是通往該島西部的高雄港和臺中港。中共可能仍缺乏快速入侵和占領臺灣的能力，但它試圖實施封鎖以迫使該島做出讓步，或作為更大規模軍事行動的前奏。

報導提及解放軍軍官重點教材《戰略學》，書中雖沒有點名臺灣，但其針對目標很明確。教科書將「戰略封鎖」描述為「破壞敵對外經濟、軍事聯繫，消弱其作戰能力和戰爭潛力，使其孤立無援」的一種方式。

《Grid》亦認為，中國較可能採取代價較低的封鎖模式，迫使臺灣就範，但不一定能達到統一目的。中國問題專家、亞洲協會美中關係中心主任夏偉（Orville Schell）受訪表示：「我擔心的是，中國不會正面進攻臺灣，他們會開始一步接一步的行動，但不會給美國、日本或四方安全對話（按：Quadrilateral Security Dialogue，簡稱QSD或Quad，是美國、日本、印度、澳洲之間的非正式戰略對話，成立於二〇〇八年）成員任何開戰理由。」

美國智庫「戰略與國際研究中心」高級研究員、《中共攻臺大解密》（*The Chinese Invasion Threat: Taiwan's Defense and American Strategy in Asia*）的作者易思安（Ian Easton）認為，中國可能對臺灣採取「強度不同的長期封鎖。重點在於試圖脅迫臺灣政府，回到依據北京當局所設條件的談判桌。」他直言，此狀況恐怕已從很低程度開始，並隨著時間升高強度。

《Grid》稱，運用水雷、潛艦或水面艦艇的水上封鎖，對中國而言有不同目的，其中一種是作為開戰的前奏，而對臺灣盟友很不利的一點是，臺灣不像烏克蘭與友好鄰國陸路相鄰，能以此持續獲得軍援，「封鎖可能使該島得不到補給。」中國可能藉由封鎖取代侵略，在此情況下，中國試圖扼殺臺灣經濟，不費一兵一卒，迫使臺灣放棄主權、進行談判。

臺灣對中國的「戰略封鎖」相當脆弱，因為處理九成海運的三大港口，全都位於面向中國的西部海岸，二〇二二年經由這些港口的貿易額近兩百億美元。大部分糧食與能源也從這些港口進入臺灣，儘管臺灣在最糟情況下，稻米、蔬果部分仍能自給自足，但對小麥和玉米產品的進口依賴度很高。對於可能發生的封鎖，臺灣已開始儲存糧食及其他重要物資。**臺灣九五%以上的煤炭、石油和天然氣需要透過航運進口，其煤礦及天然氣存量分別只夠用三十六天和十天**（按：經濟部能源局二〇二二年二月資料），一旦遭到中共的武力封鎖，可以說命懸一線。

美國智庫「外交關係協會」曾刊登學者卜威爾（Robert Blackwill）和澤里可（Philip Zelikow）的專文，認為中國若對臺灣採取隔絕戰術可能較為有效。解放軍將會實質控制臺灣的空域和海域，過濾並淨空附近的船隻和飛機。若被中國認定為具有敵意，例如美國的外援，很可能遭到充公或驅逐。

封鎖？每個部分都合理，物理上不可行

然而，以武力封鎖臺灣，沙盤推演易如反掌，實際操作卻困難重重。臺灣學者王

立和沈伯洋分析說，中國具有封鎖臺灣的能力，純粹就技術上來說真的做得到，但實務上的運作完全做不到。

封鎖的可能方向，依遠近只有三種：封鎖整片大海、封鎖航線要道、封鎖所有港口。以封鎖海洋而論，有物理上的絕對限制，即是：「距離陸地越遠，大海越廣闊，要封鎖的區域就越大。」解放軍絕無封鎖大海的能力，想要檢查進出臺灣或行經此一海域的每一艘船，物理上並不可能。

以封鎖航道而論，聽起來簡單，遠離臺灣的必經航道，就只有一個麻六甲海峽，中國要去麻六甲封鎖似乎能夠做到，但此處並非中國領海或領土，中國憑什麼封鎖？而且，封鎖航道不是封鎖馬路，船隻必要時可繞道。

以封鎖港口而論，要有效封鎖臺灣的港口，就得先癱瘓臺灣的防衛能力，不然絕無可能。當中共用軍艦、飛機或飛彈壓制臺灣的港口時，臺灣不可能任人宰割，一定會有反制措施。比如，臺灣的陸基火力（按：陸上基地軍事系統）會擊毀近岸的共軍軍艦。

王立和沈伯洋總結說：「封鎖臺灣是一種建築在很多『部分事實』上的謠言，而且每個部分都是合理的，但合併起來就是歪理。因為時間跟空間的匹配不對，在臺灣仍然有強大海空軍實力的初期，採取封鎖戰略無異自殺，失去艦隊的解放軍，根本不用再想怎樣登陸臺灣了。若開打了好幾週，終於把臺灣海空軍削弱到一定程度，那麼此時封鎖也無關緊要，因為臺灣周邊戰場早就戰到沒有民用船隻敢靠近。」

臺灣如何反制？矽盾

即便中共突破這些技術上的難題，還必須面對封鎖造成的國際社會反應。僅以封鎖造成的全球經濟動盪、包括中共自己的經濟危機，中共執政當局就已難以承受。當今的戰爭或準戰爭，決勝之地在前線，更在後方——參與國的政治經濟綜合實力。中國貌似強大，實際上其政治經濟體系極為脆弱。

臺灣手上有一項有力的反制武器：以「矽盾」反撲中國封鎖。臺灣毫無爭議是全球積體電路業之王，在全球半導體產業扮演關鍵角色，美國和中國的科技產業都高度依賴臺灣晶片、專業技術及生產設備。臺灣的晶圓代工產能占全球六三％（按：經濟部二〇二二年八月資料），十奈米以下半導體於二〇一九年時占全球供應比重達九二%。蘋果（Apple）、英特爾（Intel）、高通（Qualcomm）和輝達（NVIDIA）的主要供應商，均為臺灣「護國神山」台積電。切斷其和世界的往來，所付的經濟代價極高，中國也會受到衝擊。

美國塔夫茨大學教授、《晶片戰爭》（*CHIP WAR: The Fight for the World's Most Critical Technology*）的作者米勒（Chris Miller）指出，若中共封鎖臺灣，必然導致全球無法取得臺灣生產的晶片，約一個星期就會出現中斷現象，四至八週間，不只是消費性電子產品和科技產品的晶片，所有類型的產品所需晶片都會永久中斷。

除了半導體製造外，臺灣還建立了一套ＩＣ設計、封裝和供應的生態體系，一年的出口值高達一千四百億美元。香港辛里希基金會針對臺灣半導體產業分析，ＩＣ現在是交易最熱絡的第四大商品，僅次於原油、成品油和汽車。中國是臺灣近半ＩＣ出口的目的地，臺灣製造的晶片，對中國出口的電子產品至關重要。中國若持續封鎖臺灣，使半導體供應中斷，後果不堪設想。

易思安直言：「沒有臺灣的供應，中國的經濟很快就會走向停擺。中國會面臨巨大的失業潮。他們很難在不摧毀自己的情況下，長期封鎖臺灣。」臺灣企業富士康和長榮海運聘僱大量中國員工，封鎖帶來的經濟影響遠超過半導體領域。美國海事專家梅科利亞諾（Sal Mercogliano）強調：「若我們開始回到民族主義式航運，並阻擋他國貿易能力，你知道這樣幾乎是倒退至十七、十八世紀，這真的很有風險。」

澳洲戰略政策研究所研究員尤倫（David Uren）在〈封鎖臺灣將重傷中國經濟〉（A blockade of Taiwan would cripple China's economy）一文中指出，中共軍力雖可輕易封鎖臺灣，但中國經濟極為脆弱，此舉是傷敵一千，自損八百，中國未必能承受。

全球有近半貨櫃船經過臺灣海峽，前一〇%最大型的貨船中，有八八%利用這條水路，此外每天都有運載約一百萬桶石油的油輪通過臺灣海峽。雖然開往北亞的船隻可能避開臺灣海峽，但若通過菲律賓呂宋海峽改道臺灣東部很容易遭遇颱風。對臺灣領空的任何封鎖，必然會對全球經濟產生強烈影響。

尤倫強調，如果中國封鎖臺灣，而美國展開反制，臺灣海峽被宣告為戰區，該地區所有航運的貿易融資和保險將會蒸發。臺灣東西兩側的航道若中斷，將重創中國經濟，因為中國的上海、大連、天津等主要港口，都依賴臺灣附近海域的航道。臺灣海峽是中國、日本、韓國等，由北亞地區通往世界各地的主要航道，也是中國南方通往美國的最直接航道。澳洲大部分鐵礦貿易行經臺灣運往中國北部港口，運往日本和韓國的貨物也走這條路線。

中國若封鎖臺灣可能遭到反制，這意味著不僅是臺灣的貿易會中止，運送至中國北方港口的大量原物料，以及中國要輸出的製成品也將受到影響。

3 為打破封鎖而戰，美國準備好了

中國若封鎖臺灣，臺灣不會坐以待斃。國軍可以配合美軍對中國實施反封鎖。美國海軍雜誌《議事錄》（*Proceedings*）二〇二三年二月號上發表了一篇題為〈用水雷保衛臺灣〉（Defend Taiwan with Naval Mines）的文章，主張把共軍擋在海岸之外，或困在主要港口之內，使其無法大量卸載重裝備與彈藥補給。大量使用先進的水雷封鎖中國軍港，在戰術上是可以有效遲滯敵軍進攻的手段。島國封鎖大陸國家，歷史上屢有先例，比如英國封鎖拿破崙（Napoléon Bonaparte）的法國及其控制的大部分歐洲國家，英國在一戰時封鎖德國等。

法國作家和記者董尼德（Pierre-Antoine Donnet）在《中美爭鋒》（*Le leadership mondial en question*）一書中指出，臺灣在自我防衛上擁有相對完善的武裝能力。美國政府長期軍售給臺灣各種先進武器，二〇一九年七月八日，美國國防部宣布向臺灣出售一百零八輛 M1A2 主戰坦克，和兩百五十枚短程刺針飛彈；同年八月二十一日，再度出售六十六架 F-16 戰機等武器給臺灣。美國國防部安全合作局在新聞稿中說：「這項軍售支持臺灣在軍備現代化方面繼續努力，使其得以維持足夠的防禦能力。」

二〇二二年十二月十五日，美國參議院通過二〇二三年度《國防授權法案》（*James M. Inhofe National Defense Authorization Act for Fiscal Year 2023, H.R. 7776*）。該法案將授權美國在未來五年間，對臺灣提供高達一百億美元的「無償」軍事財政援助。二〇二三年三月美國政府又宣布，向臺灣出售 AGM-88B 高速反輻射飛彈、AIM-120C8 先進空對空中程飛彈等兩種飛彈，金額六億一千九百萬美元，這兩種飛彈均為臺灣空軍已具完備作戰能力之彈種，可有效捍衛領空，應對共軍威脅挑釁。

臺灣的軍力雖不足以獨力抗衡中國，但在得到美國及西方盟友的支持後，突破中國的封鎖綽綽有餘。據瑞士信貸發布的「國家軍力強度指數列表」報告顯示，世界軍力強度前三名依序為美國、俄羅斯及中國，日本排行第四名，臺灣排行第十三名。

封鎖周邊公海，等於默認臺灣是「國家」

中國若封鎖臺灣，還將承受嚴重的政治後果：日本《產經新聞》報導引述專家分析，指出中國「封鎖臺灣」不但會重創自身經濟，也反而可能賦予臺灣在國際法上的地位。

該報導提到，中國不承認臺灣是一個國家，一旦對臺發動戰爭，會主張是根據「國內法」鎮壓謀反勢力，是一種內戰，而非國際武裝紛爭。但依國際法規定，公海和專屬經濟區允許航行和飛行自由，不得干涉在此航行的外國船舶，除非發生適用於戰時國際法的「國際武裝衝突」，在此情況下可合法在一定的海域部署軍艦、攔截進出船隻。

大阪學院大學國際法教授真山全指出，中國若實質封鎖臺灣周邊的公海或專屬經濟區，臺灣將獲得「國家」或「交戰團體」的法律地位。因為若於「內戰」的情況下，封鎖公海或專屬經濟區的外國船舶屬於違法行為，要避免違法，就必須承認臺灣為交戰團體，讓「內戰」變成「國際武裝紛爭」。一旦臺灣被承認為交戰團體，就能適用《日內瓦公約》（*Les quatre Conventions de Genève*）等武力衝突的法律權利和義務，與中國形成對等地位。

即使中國未公開承認臺灣為交戰團體，一旦中方在公海或專屬經濟區實施干涉外國船隻的封鎖行動，也將被視為「默許批准」。中方若拒絕批准，其封鎖行為就可能被認定為違法。而且臺灣已具有國家的實際狀態，屆時可能會主張臺灣不僅是一個交戰團體，並默認臺灣為一個「國家」。

所以，對中國而言，封鎖臺灣存在著違反國際法的風險。中國可能不會使用「封鎖」字眼，而是以避免在戰鬥中遭到誤射的「危險水域」名義，藉此達到封鎖的效果。而未來中國將如何釐清問題，應對國際法的法律戰，受到各方關注。

一旦攻臺，美軍第七艦隊伺候

中國若封鎖臺灣，美國不可能坐視不管。美國海軍部長公開表示，美國及其盟友將協助臺灣軍方打破中國的封鎖。中國企圖以封鎖策略避免開戰不會奏效，封鎖可能使局勢迅速升為中國一直避免的情況——與美國爆發戰爭。

美國軍方高級將領屢屢就此問題做出肯定的回答。美國太平洋艦隊司令、海軍上將帕帕羅（Samuel John Paparo Jr.）在夏威夷的一場記者會上說：「中國當然擁有足夠的軍艦和執行海上封鎖的能力。那接下來的問題是：『美國及其盟友有能力打破封鎖嗎？』這個問題的答案是一個響亮的 Yes！」他表示，相信華府單靠一己之力也能做到，因為美方有火力和在關鍵領域的優勢。

帕帕羅的表態，是很長一段時間以來，美國高級將領面對臺海發生戰爭時，美國和西方是否有足夠力量擊退中共軍隊的問題，最為明確、肯定的回答。此前，許多預測認為，中國攻臺行動一旦開始，美軍若介入，將會遭到重大損失，甚至是失敗。但美軍印太司令部向包括中國在內的任何潛在敵手傳遞了一個明確的信號：美軍早已具備第一時間投入戰鬥的意志。

倘若中美在臺海發生武裝衝突，迎戰的美國海軍主力將是第七艦隊。美國海軍副司令、第七艦隊司令、海軍中將湯瑪斯（Karl Thomas）在接受《華爾街日報》訪問時表示，中國海軍規模龐大（數字上已超過美國），已具備封鎖臺灣的能力，但中國海軍若真的那麼做，國際社會必定介入，共同設法解決這項挑戰。他和整個艦隊的任務是做好迎戰的準備。

裴洛西訪臺後，共軍展開圍臺軍演並發射飛彈飛越臺灣上空。湯瑪斯批評中方發射飛彈是「不負責任」，並以中文「蠶食」形容北京不斷進逼、測試對方反應的作為。他指出，中方在臺灣周邊的行動，是在南海軍事化「強權即公理」心態的延伸。

就中美海軍的實力對比，湯瑪斯認為，中國生產海軍艦艇的速度令人印象深刻，〇五五型飛彈驅逐艦就是一例；美國因造船廠不足，飛彈驅逐艦產速明顯不如中方。不過，中國海軍規模雖傲視全球，但美軍艦艇更先進、航母艦隊規模更勝一籌，在質的方面具優勢。而且，美國海軍有豐富的作戰經驗，更讓中國海軍望塵莫及。

中國海軍話很凶悍，美國海軍能實際作戰

帕帕羅和湯瑪斯對於美軍有打破中國對臺封鎖的自信表態，絕非輕敵與狂妄，他們的判斷奠基於美國的軍事實力，和美軍的專業素質之上。與只需要和一些「三流的

中東軍隊」打交道的中央司令部相比，印太司令部面對中國這個強敵，麾下兵員更多，且還要與日本、澳洲和印度等大國保持繁複龐雜的政治軍事關係。

美國正在以印太司令部為核心，建立類似「亞洲版北約」的聯盟體系。美軍在海外的兵力，已有六成集中在印太地區。美國戰略學者羅柏・卡普蘭（Robert D. Kaplan）指出，美國海軍是制衡中國的有效工具，海軍艦隊展現的是國家的軟實力。與陸戰部隊相比，海軍艦隊的意義不僅在於作戰能力本身，它也是以「不戰而屈人之兵」的方式向他國施壓的傳統手段。憑藉海軍艦隊，一國可以在遠離本土的地方展示強大的軍事實力，同時避免本土捲入。有了強大的海軍，再加上空軍的協助，一個國家就可以實現亙古不變的目標：勢力觸角伸到全球，而無須依賴陸戰部隊的全程介入。目前，只有美國海軍具備這樣的能力。

中國若封鎖臺灣，必先控制臺灣海峽，但美國和西方盟友不會容忍中國這樣做。平均寬度一百八十公里的臺灣海峽，將民主的臺灣與獨裁中國分隔開來，美國海軍認定臺灣海峽絕大部分屬於國際水域，因為《聯合國海洋法公約》定義的領海，只及於海岸線向外延伸十二海里的範圍。而北京除了宣稱對臺灣擁有主權外，也宣稱依據中國國內法及《聯合國海洋法公約》，對臺灣海峽擁有主權與管轄權。但美方及其盟友從來不承認中方這一宣稱，近年來更是大大增加軍艦穿越臺灣海峽的次數。

二〇二二年九月二十日，美國海軍發言人藍福德（Mark Langford）發表聲明，美軍伯克級飛彈驅逐艦希金斯號「例行性通過臺灣海峽」。聲明指出，希金斯號與加拿大皇家海軍哈利法克斯級巡防艦溫哥華號「共同合作」，「穿越臺灣海峽的一處通道，這處通道不在任何沿岸國家的領海之內。」加拿大國防部媒體關係處處長包舍利耶（Daniel Le Bouthillier）也證實，「加拿大軍艦溫哥華號造訪了印尼雅加達、菲律賓馬尼拉之後，與美軍軍艦希金斯號共同穿越臺灣海峽，因為這是最直接的航道。這趟航行完全符合國際法，包括《聯合國海洋法公約》規範的公海航行權。」

迄今為止，中國從未武力干涉美國及其盟國的軍艦駛過臺灣海峽，只敢在官媒上打口水仗。藍福德證實，美加軍艦穿越臺海時，「多個航段」都有中國軍機與軍艦在附近，但「穿越臺灣海峽期間，所有與外國軍隊的互動都符合國際標準與實務，並未影響任務。」

中國軍方由東部戰區發言人施毅發表聲明，稱「東部戰區組織海空兵力全程跟監警戒」，並指「美加勾連挑釁、攪局滋事、性質惡劣，嚴重危害臺海和平穩定。臺灣是中國領土一部分。戰區部隊時刻保持高度戒備，堅決反制一切威脅挑釁。」中國措詞強硬，但還是不敢將主張——臺灣海峽是其內海——落到實處。

4

德國無限制潛艇戰經驗，中國得先看懂

中國若採取封鎖臺灣的戰術，將如同一戰期間，德國企圖用「無限制潛艇戰」封鎖英國。

一戰爆發之前數年，作為傳統陸權國家的德意志帝國拚命擴建海軍——跟今天的中國一模一樣。但正如德國戰爭史家穆克勒（Herfried Münkler）所說，從地理戰略的角度來看，德國海軍勢必處於劣勢。

雖然德國的地理位置有利於海軍在「內線」迅速轉移戰艦，但德國人缺乏通往大洋，乃至國際市場的通道：不列顛群島彷彿德國通往大西洋的天然屏障，因為必須穿過英吉利海峽，或蘇格蘭與挪威之間的海域，才能到達大西洋，而英國可以輕而易舉的封鎖這兩處針眼大的地方（同樣的道理，臺灣及日本列島也形成中國通往太平洋的天然屏障）。

地理條件決定德國不可能出動陸軍去征服不列顛群島，而德國的艦隊又不夠強大，尚不足以與英國海軍在海上一決勝負。

一戰是以陸戰決定勝負，海戰規模有限。戰爭初期，不管是英國還是德國，都不想讓雙方的艦隊直接對決。如果發生這樣的衝突，英國更可能得不償失。英國戰爭史家李德．哈特指出，英國海軍戰略受制於「維持

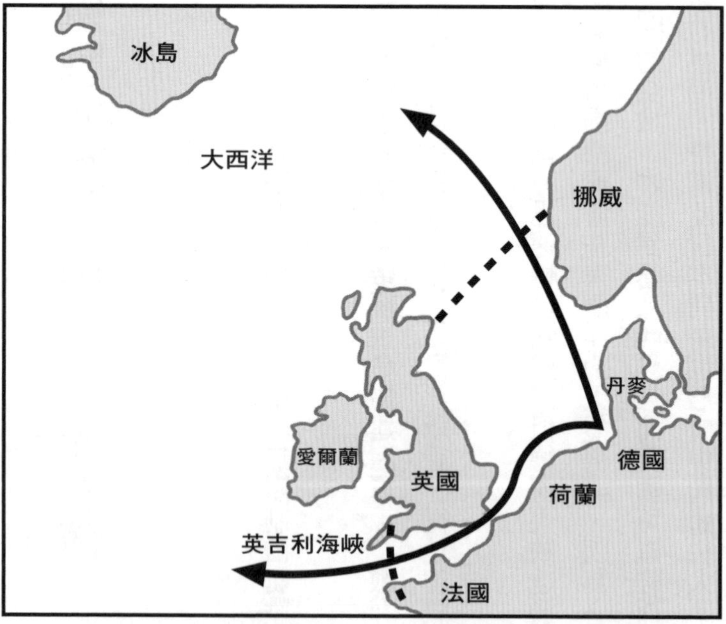

▲ 不列顛群島阻礙德國通往大西洋，如同臺灣及日本列島形成中國通往太平洋的天然屏障。

制海權勝於打敗德國艦隊」的看法。

英國維持制海權，成為英國與盟邦一切作戰的基礎，因為英國的生存命脈繫於此。邱吉爾曾一針見血的指出：「傑利科（John Jellicoe，英國大艦隊司令）是唯一可以在一個下午輸掉戰爭的人。」因此，英國海軍永遠將打敗德國艦隊的目標與冀望放在次一級。英國認為，如果英國擁有制海權，可以使協約國加速邁向勝利，也可阻止協約國的挫敗。

德國潛艇之所以能使俄羅斯衰敗，以及逼迫英國面臨飢餓邊緣，完全可以歸因於英國海軍無法擊敗德國艦隊。但是，如果在一場企圖擊敗德國艦隊的海戰中，英國失利，並且嚴重到喪失戰略性任務，英國整個國家必定失敗。所以，戰略防禦的方針雖與英國海軍的精神和自豪感衝突，卻符合更大的戰略目標及英國的國家利益。

全德支持無限制潛艇戰，反對聲音很微弱

一九一六年五月三十一日至六月一日期間，英國和德國的艦隊爆發歷史上規模最

大的海戰（根據參戰艦艇的噸數和火力計算）。在戰術上，德國取得一定的勝利：英軍損失的艦艇總噸數是德軍的兩倍，陣亡人數是德軍的二·五倍。但這場戰役沒有改變英德之間海軍力量的對比，更沒有對後續的戰爭發揮決定性影響。幾天後，紐約一家報紙扼要而精準的總結了這場戰鬥：「德國艦隊攻擊了獄卒，卻還要繼續坐牢。」

一個月後，德國海軍中將舍爾（Reinhard Scheer）在遞交給德皇威廉二世（Wilhelm II）的報告中總結道：「我們重創了敵人，但即使我們在遠洋戰役中得到了最樂觀的成果，也無法迫使英國在這場戰爭中與我們簽訂和約，這一點毫無疑問。和島國相比，我們的軍事地理位置沒有什麼優勢，並且我們的物質資源也比敵人少很多，而單憑艦隊，我們無法真正彌補這些缺陷，也無法打破對我們的封鎖並戰勝島國。」最後，他提出一個克敵制勝的法寶——用潛艇攻擊大英帝國的「薄弱環節」：「要在短時間裡贏得這場戰爭，唯一的辦法就是破壞英國的經濟，也就是派出潛艇干擾英國的貿易。」

德國政府、軍方和主流民意接納了舍爾的策略。從一九一六年開始，德國人希望利用潛艇對英國實施「反封鎖」，拖垮英國經濟，從而扭轉當前的局勢。此前主張為戰艦投入一切資源的人，現在把期望都寄託在潛艇上，潛艇成了一種神祕武器。人們相信，只要盡可能大膽的使用潛艇，並且不讓「海洋法」和「戰爭法」妨礙相關行動，那麼這種武器就可創造奇蹟。人們在評估時，更著重在這一戰略對未來的戰鬥有什麼好處，而低估了它的政治代價。

一九一七年一月九日，德國皇家委員會決定於二月一日發動無限制潛艇戰。德國知識界普遍認為，英國是協約國的中心，也是德國的核心敵人，一旦英國被迫放棄戰鬥，德國就贏了這場戰爭，所以德國在戰鬥中無論用什麼手段都是合理的。「越早使用潛艇戰，勝利也會來得越快，而英國想用消耗戰來制服我們的指望，也會迅速破滅。只要打敗英國，就等於折斷了敵軍聯盟的脊梁。」許多人文學界的代表人物認為，必須利用其影響力支持無限制潛艇戰。德國歷史學家舍費爾（Dietrich Schäfer）等人簽署了一份〈告德國人民書〉（Reden an die deutsche Nation），大力支持無限制潛艇戰。

反對的聲音很微弱——社會學家馬克斯・韋伯（Max Weber）指出，潛艇戰是在推行一種「冒險的政治」，人文學者對此的鼓吹，顯示了德國人文學科的衰落，卻沒有人傾聽他的反對意見（今天的中國也是如此，敢於公開反對攻打臺灣的中國知識分子屈指可數，並且會招致《反分裂國家法》治罪）。

英國不只是計算得失的商人，也是鋼鐵戰士

德國的無限制潛艇戰一開始取得了豐碩戰果，英國及其盟國損失慘重，在某種程度上，英國遭到拿破崙戰爭以來最嚴峻的「反封鎖」。從糧食到能源，英國都無法自給自足，一旦物資輸入被截斷，國民連填飽肚子都十分困難。

德國基爾世界經濟研究所所長哈姆斯教授（Bernhard Harms）經過計算得出結論：英國如果損失船隻總容量的四〇％，就無法堅持打下去。一九一七年春，英國損失船隻的數量，在某段時間內明顯超過德國海軍參謀部設定的臨界點，即每月六十萬總登記噸——根據推算，一旦英方每月的損失超過這個數值，就很難保證物資正常供應，持續十個月之後，英國將不得不退出戰爭。

然而，德國人沒有想到，英國並未屈服，即便一九一七年四月，英國因德國潛艇

而損失的艦船噸數，為兩次世界大戰的最高。隨著美國參戰，英國得到美國援助後迅速恢復元氣。到一九一八年，美國和美國造船廠生產的船隻數量，是被德國潛艇擊沉之船隻數量的兩倍。德國軍方關於「無限制潛艇戰可克敵制勝」的承諾並未兌現。

穆克勒總結說，錯誤的籌算和缺乏依據的期望，導致潛艇戰士成了犧牲品。在這件事上，德國人再次誤解了英國人，他們以為後者是商業民族，只會根據資本主義的運作規律計算得失，而不是堅韌不拔的鋼鐵戰士；這種誤解又一次讓他們付出代價。

前線的戰士們心裡很清楚，他們的對手不會因為物資匱乏就向敵人屈服。這是德國繼施里芬計畫（按：Schlieffen Plan，一次大戰前德國總參謀部所制定的作戰方法，主要目標為應付俄羅斯與法國的夾攻）之後第二次重大決策失誤，而它根植於德國人對英國人的刻板印象，這種刻板印象尤其反映了德國人反對資本主義的思想和態度，它的影響在這次貿易與經濟戰中展現得最為明顯。用德國社會學家桑巴特（Werner Sombart）的話說，「英雄」希望自己能戰勝「商人」——卻沒有想到，被蔑視為「商人」的英國人身上也擁有「英雄」的勇氣，而且其勇氣絲毫不比德國人遜色。

一九一七年早期，協約國的處境岌岌可危，國內經濟幾乎崩潰。為了贏得戰爭，德國人只需避免激怒美國。但生性魯莽的德國皇帝和趾高氣揚的德國軍方沒有這樣做——既然潛艇戰無限制，那麼美國開往英國運送物資的船隻也是必須擊沉的對象。

低估美國參戰能力，德國戰敗還拖垮全歐洲

德國人低估了美國人對無限制潛艇戰的反應。此前，他們不斷挑釁美國人，美國仍持守孤立主義立場。於是，德國人想當然的認為，美國人不會參戰，即使參戰，美軍也沒有多大戰鬥力。一九一七年一月，德國海軍上將卡佩勒（Eduard von Capelle）向國會打包票說：「他們甚至連來都不敢來，因為我們的潛艇會擊沉他們。」他繼而傲慢的說：「從軍事的觀點來看，第一，美國無足輕重；第二，它還是無足輕重；第三，它仍然無足輕重。」

為了牽制美國，德國外長齊默爾曼（Arthur Zimmermann）給在墨西哥的特使發去一封電報，命令其遊說墨西哥與德國結盟，如果墨西哥對美國開戰，德國將支持墨西哥拿回在美墨戰爭中割讓給美國的土地。美國中西部地區的人們聞訊勃然大怒，美

國的反戰民意迅速轉向參戰，因為問題從「德國反對大英帝國」，轉向了「德國反對美利堅合眾國」。

很快，美國人就向德國人證明，他們使用潛艇武器挑釁美國是錯誤的。美國海軍上將希姆斯（William S. Sims）迅速組成了一個可以克服德國潛艇威脅的士兵運輸系統，在德國潛艇對一百多萬名美國士兵跨海登陸法國的阻擊中，僅有六百多人喪生。參戰的美軍扭轉了俄羅斯在革命後退出大戰給協約國帶來的不利影響，給了德國致命的一擊。

德國首相霍爾韋格（Theobald von Bethmann-Hollweg）原本不支持無限制潛艇戰，卻向皇帝、軍方和民意屈服。他很清楚這一戰略將導致什麼後果，他哀嘆說：「我們已經越過了盧比孔河。」當年，凱撒（Gaius Iulius Caesar）的軍隊越過盧比孔河，進軍羅馬。渡河後，凱撒向部下表示：骰子已擲出，已經沒有退路。如今，德國也是如此。首相的顧問蔡茨勒（Kurt Zeitzler）在日記中寫道：「我們已經掉入黑暗的深淵。我們所有人都覺得，這個問題就像懸在頭頂的命運之劍。這不祥的潛艇戰是德國此前所有悲劇性錯誤的化身，如果歷史按照悲劇的路數發展，那麼德國將因為這一戰走向滅亡。」

這一錯誤戰略改變了德國的命運，亦讓整個歐洲的命運逆轉，美國的參戰注定了德國走向失敗，更拉開了「美利堅治世」的序幕：「這一決議宣告悲劇的最後一幕已經上演：對德國來說，這一進展不僅極其不幸的延長了他們苦苦戰鬥的時間，而且幾乎扼殺了他們取得軍事勝利的希望。對全世界來說，它的後果在於，大洋彼岸的大國（美國）必然被牽扯進戰爭中，脫離歷史上的孤立狀態。然而這也帶來世界歷史的轉折點，歐洲世界在過去一千五百年不曾經歷過這樣的轉變：歐洲將從世界政治活動的中心，變成一個附屬的舞臺。」

中國若以武力封鎖臺灣（潛艇是其封鎖手段之一），其結局不會比當年發動「無限制潛艇戰」的德國更好。中國的決策層、軍方和知識分子，有足夠的智慧從德國昔日的失敗中汲取前車之鑑嗎？

第三章

先攻外島，目標澎湖

中國若選擇攻擊臺灣的外島，希望以有限的戰爭規模對臺灣施壓，很可能造成的結果是臺灣快速軍事動員、展開法理獨立程序、國際社會批評譴責與武力介入，對中國展開經濟制裁與軍事圍堵。若站在中國的立場上來看，攻打臺灣外島這個方案，既無法一次解決臺灣問題，還很有可能形成災難性的後果，是最為愚蠢的選項。

——臺灣戰略學者　王臻明

1 施琅攻臺「先打澎湖」，中共呢？

臺灣本島確立地位，以及各外島形成「離島化」狀態，基本上是在一九四九年中華民國政權流亡臺灣之後。中華民國控制的臺灣地區，承繼了清末、日治時代以來，臺灣本島及澎湖、蘭嶼、綠島等外島，還把金門、馬祖二島（外加烏坵）拉進來。在「中華民國臺灣」的政治架構下，臺灣為本島、中心，其他島嶼則是外島、前線，為臺灣的外衛。

國共兩個政權，隔著臺灣海峽對峙，國家勢力強硬的改變了澎湖、金門、馬祖、蘭嶼等島的海島生活狀態。原為僑鄉、貿易港口的金門和澎湖，以及漁村馬祖，都被強制轉型為「戰地前線」，成為中華民國的重要軍事基地，被迫斷開與原鄉閩南、閩東地區之間的生活聯繫與文化連結，轉而與臺灣成為政治共同體。

換言之，一九四九年以後，臺澎金馬、蘭嶼及綠島等島，組成「中華民國臺灣」這個「意外的國度」；在「中華民國臺灣」的政治共同體架構下，本島主體位置的形成，也讓各外島逐步「離島化」與「臺灣化」。

當了四次攻臺跳板，歷史讓澎湖「要塞化」

在臺灣的外島中，澎湖自古以來便是兩岸之間，以及往來臺灣海峽的船隻中繼站，自然成為兵家必爭之地。從國際地緣戰略角度來看，澎湖是第一島鏈防衛的最前線。近代歷史上，澎湖共發生過四次戰役，包括一六二二年「荷蘭攻澎」、一六八三年「施琅征澎」、一八八三年「中法戰爭」、一八九四年「日清甲午戰爭」，外來勢力在進攻臺灣前，均選擇澎湖為跳板。

對於中共政權而言，這四場發生在澎湖的戰役，唯有「施琅征澎」是北京的中央政權實現「大一統」之戰，值得大書特書——至於這個中央政權，其實是外族（滿族）對漢族的殖民政權的事實，中共乾脆視而不見。

中國耗費巨資拍攝古裝主旋律（按：指配合中共意識形態，歌頌其主流價值觀）電視連續劇《天下長河》，以康熙皇帝統治時期治理黃河的故事為主線，表彰康熙的豐功偉業和康熙王朝的太平盛世，明眼人一看就知道編導以此諂媚習近平——「走向帝制」的習近平心中榜樣，不僅是毛澤東，更是當了五十多年皇帝的康熙大帝。

《天下長河》中有不少揭露貪官的情節，像「官場就是一個流氓窩」、「當不花錢就不能辦事的時候，這個王朝就算完了。」這樣的臺詞，讓「苦共（共產黨）久矣」的中國民眾心有戚戚焉。

但同樣是古裝劇，該劇比起一、二十年前的《大明王朝一五六六》和《天下糧倉》，批判和諷刺力度大大減弱，從中可看出中國檢查制度日漸嚴苛，和創作自由日漸萎縮。

《天下長河》集中表現治理黃河，卻刻意穿插康熙「收復」臺灣的情節。八歲即位的康熙，少年時代即在寢宮牆上貼著「河務」、「漕運」、「三藩」三張字條，將這三件大事作為施政目標。平定「三藩」之後，又將「三藩」改為「臺灣」。

康熙八年，清廷加大對鄭氏（按：鄭成功家族）政權的招撫力道，做出重大讓步，允許鄭氏封藩，世守臺灣。鄭經提出：「苟能照朝鮮事例，不削髮，稱臣納貢，尊事大之意，則可矣。」康熙拒絕：「比朝鮮不剃髮，願進貢投誠之說，不便允從。朝鮮係從未所有之外國，鄭經乃中國之人。」鄭經反駁：「今東寧（按：明鄭時期臺灣古名）遠在海外，非屬版圖之中。」

大清帝國靠八旗勁旅縱橫東亞大陸，卻對大海頗為陌生，缺少強大水師，攻臺得靠鄭家叛將施琅。一六八三年，被閒置十三年的施琅，獲任命為福建水師提督，率兵兩萬人，乘戰船兩百餘艘，浩浩蕩蕩駛向澎湖。施琅深知，東寧王國的水師精銳集中在澎湖，若要攻下臺灣，必先拿下澎湖，他在〈邊患宜靖疏〉中對於澎湖有如下分析：「蓋澎湖為臺灣四達之咽喉，外衛之藩屏，先取澎湖，勝勢已居其半。」

鎮守澎湖的名將劉國軒早已展開布防、搶修工事，但他以為風浪將至，必將重創清軍。七月十日，兩軍接戰，施琅在交戰中被火銃射傷右眼，鄭軍占上風，清軍暫時退卻。十六日，施琅決定發動總攻擊，將艦隊分成三路進攻。戰爭一開始，吹西北風，對鄭軍頗為有利，但風向很快轉變為南風，施琅命令全軍反攻，順著風勢發射各種火器，並且以數船圍攻鄭軍一船。鄭軍措手不及，全面崩潰，劉國軒僅帶著剩餘的三十一艘船逃回臺灣。

施琅拿下澎湖，臺灣指日可下。他發布〈曉諭澎湖安民告示〉，顯然出自幕中文士之手，一副天朝上官教訓化外之民的口吻：「太子少保提督福建水師總兵官右都督伯施，為曉諭事：照得澎湖各島，地屬荒區，民實窮苦；兼之逆賊蹂躪多年。今幸大師蕩平，此日王土、王民，悉隸版圖，宜加軫卹，以培生機，合就示諭。為此示仰該地方居民人等知悉：爾等既脫邪氛，咸登樂土，各宜安意生業，耕漁是事。本提督憫念疲瘵之餘，當為蠲三年徭稅差役，遂其培養也。特示！」

此告示承認脫離中央政府多年的澎湖居民為「王民」（在脫離鄭氏邪惡統治的前提下），卻掩飾在北京坐龍椅的皇帝，是「非我族類，其心必異」的異族統治者。這種敘事方式很像中國共產黨：中共信奉的馬列主義，是來自西方的極權主義意識形態，中共卻以中國文化正統自居，並堅持義和團式的反西方立場。

澎湖一戰，東寧王國精銳盡失，臺灣人心和軍心渙散，鄭克塽迫於形勢，向施琅乞降，提出的條件是「三不傷」，即是清軍入島「不傷鄭室一人，不傷百官將士一人，不傷臺灣黎庶一人。」在得到施琅允諾後，鄭克塽正式向清廷呈送降表，表示以往的對抗是「稚魯無知」，願意順從天意，「顏行何敢再逆，革心以表後誠。」

鑑於這段歷史經驗，一九四九年國民黨政府撤退來臺後，積極將澎湖要塞化，一九五〇年代駐防九十三師與海軍，陸軍澎湖防衛指揮部簡稱澎防部，部隊名稱為鎮疆部隊。二〇〇七年，臺灣國防部開始推動精進案，澎湖駐軍開始兵力整建。目前在澎湖駐紮的軍隊包括陸軍第五〇三裝甲旅，下轄裝甲騎兵營、戰車營、機械化步兵營、混合砲兵，其他駐軍包括反甲連、陸軍兩棲偵二連、海軍陸戰隊基地警衛營、防空砲兵群、海軍一四六艦隊、空軍天弓飛彈連，與空軍操作ＩＤＦ經國號戰機的天駒部隊等。

澎湖是人質，還是進攻的阻礙？

澎湖的戰略地位，近年來有逐漸被軍方重視的趨勢。二〇二〇年初，國防部國防安全研究院在《國防趨勢月報》中，發表了關於澎湖戰略地位的評估報告。國防院表示，澎湖的臺海軍事戰略角色是反制共軍登陸臺灣本島，它擁有偵測範圍達三百公里以上的雷達站。澎湖一失，臺灣西岸將「無險可守」，如清代末任臺灣巡撫唐景崧所言：「夫爭臺灣者，必爭澎湖，蓋以澎湖可泊兵船，以為根據。若我不能保澎湖，則臺灣陷於孤立，其勢難守。」

前立法委員、退伍中將帥化民也提出對於澎湖戰略地位的看法：中共如在未來武力攻臺，可能採取的模式之一，會是先奪取孤懸南海的東沙島，若臺灣還不就範，接著就會攻打澎湖。澎湖具有歷史與實質上的意義：明鄭攻打臺灣，先從澎湖而來，此為歷史意義；而實質意義便是澎湖有十萬人口（按：內政部二〇二三年五月統計數據），具有「人質的效益」。

不過，也有學者提出不同看法。臺灣國際戰略學會研究員滕昕雲認為，二十一世紀的今日，中共欲對臺動武，似乎已不需要澎湖作為中繼站，才能遂行而後的進一步侵臺作為。而且即便共軍打下澎湖，假若臺灣政府與軍民仍不降伏，共軍還是要面臨臺灣本島之登島作戰，這樣不如一開始就全面攻擊本島，捨棄攻略澎湖這種串場戲，效益要來得更大。對澎湖用兵，反倒使共軍在武統過程中平添更多變數。

臺灣戰略學者王臻明亦指出，中國以武力解決臺灣問題的所有方案中，攻擊外島是最不聰明的選擇。就軍事上來說，單獨奪取臺灣外島，會讓中國失去奇襲臺灣的機會。中國的逐步施壓，只是讓臺灣擁有更多時間發布後備動員令，編成更多後備旅，使地面部隊繼續擴張，並構築更堅固的防禦工事。臺灣國軍會破壞海岸少數可以登陸的海灘或空降地點，並堆滿阻絕設施，讓中國更難以發動入侵作戰。

而就政治上來說，他認為，若中國與臺灣已陷入戰爭狀態，位於臺灣本島的政府卻仍然可以正常運作，這代表臺灣能支撐的時間會越久，也越容易向盟邦求援。

2 習近平想學康熙，誰是他的施琅？

中國電視劇《天下長河》為攻打臺灣敲邊鼓，強化中國民間「統一臺灣，天經地義」的觀念。在劇中，康熙打臺灣是完成「華夏一統」，堪稱「千古一帝」。但如同義大利思想家克羅齊（Benedetto Croce）所說：「所有的歷史都是當代史。」這部歷史劇塑造康熙「高大全」（按：指形象高大，完美無缺）的形象，是為習近平的好戰思維正名。

即便百官反對，主子說打就打

康熙時期，百官大多反對攻打臺灣。八旗勁旅擅長騎馬作戰，但不諳水性，怯於海戰，不怕馬革裹屍，卻害怕死在海上，連屍體都會被魚蝦吃掉。唯有康熙一人力主對臺用兵，這似乎在暗示：如今，即便只有習近平一人要打臺灣，他也仍要一意孤行。且這正說明老祖宗馬克思（Karl Marx）的名言是正確的——「真理往往只掌握在少數人手中。」今天的中國，真理只掌握在習近平一人手中。

電視劇中，當有大臣說臺灣是一無是處的海外荒島、不值得大動干戈時，康熙就反駁說，對臺灣「不是打或不打，而是什麼時候打」，因為「臺灣是老祖宗留下的土地，一寸土地都不能在我的手上丟掉。」

這句話真是拍案驚奇。康熙的老祖宗是崛起於白山黑水（按：長白山和黑龍江）之間的滿人，只擁有滿洲一小部分土地，跟臺灣八竿子打不著，連臺灣在哪裡都一無所知。後來，大清將臺灣納入版圖，在康熙的疆域地圖上，臺灣的形狀是一條長長的月牙，跟實際形狀完全不同。

康熙與大臣爭論，時不時脫口而出的賭氣話是：「難道你們想退回關外，重新過打獵捕魚的生活嗎？」康熙皇帝一旦說出「退回關外」的狠話，大臣們見風使舵、隨聲附和。這如同文革初期，若干元老反對中央文革小組、大鬧懷仁堂，毛澤東勃然大怒說：「你們都想鬧事，那就鬧嘛！無非是文化大革命失敗，我馬上走，林彪同志也走，我們重上井岡山，重新鬧革命。……你們把江青、陳伯達槍斃，康生充軍，其他人你們愛怎麼辦就怎麼辦。這下總行了吧！這下就達到你們的目的了吧！」毛澤東一旦說出「重上井岡山」的重話，元老們立刻作鳥獸散，反對意見瞬間灰飛煙滅。

《天下長河》中，最耐人尋味的一處情節是：康熙像政委（按：政治委員，負責處理執政黨（通常是共產黨）的思想政治工作）一樣，為施琅做「思想工作」。施琅因全家被鄭成功殺死，對鄭氏恨之入骨，念念不忘報仇。他投靠清廷後，滯留北京多年，始終得不到重用。等到三藩敗亡，康熙騰得出手來打臺灣了，那一夜，施琅用閩南語放聲高歌、手舞足蹈，他知道施展拳腳的時刻到了。

康熙召見施琅，卻語重心長的說，打臺灣不是讓他報私仇，而是祖國的統一大業，打下臺灣之後，鄭家後人一個也不殺，還要予以恩待。粗野無文的施琅一開始迷惑不解，後來才體會到皇上的良苦用心。

電視劇中只有幾秒鐘海戰場景，並未呈現施琅在澎湖海戰中擊敗鄭氏艦隊的經過，倒是大肆渲染了鄭氏投降的場景，與「雄姿英發，談笑間，檣櫓灰飛煙滅」的施琅相比，投降一方獐頭鼠目、弱不禁風——這就是今天臺灣人在中國人心目中的樣貌，試問臺灣人願意接受這樣的命名和定義嗎？

施琅率領清軍登陸臺灣，民眾沿途下跪焚香，熱淚盈眶的迎接「王師」。施琅慷慨激昂的對民眾發表演講：「臺灣的父老鄉親們，你們今天重歸華夏，天下一統，乃為大善。」然後，民眾宛如被催眠般高聲歡呼，如同紅衛兵見到毛主席般激動萬分。

施琅遵從康熙的教誨，沒有報復鄭氏一族，反倒去延平郡王廟祭祀，並獻上康熙親筆題寫的「海外孤忠」匾額。施琅的祭文頗值玩味：「獨琅起卒伍，於賜姓（鄭成功）有魚水之歡，中間微嫌，釀成大戾。琅於賜姓剪為仇敵，情猶臣主；蘆中窮士，義所不為。公義私恩，如是則已。」

這是何等高明的統戰手段。若中共有一天占領臺灣，或許會對中正紀念堂和兩蔣在大溪的靈柩行禮如儀，且某些國民黨要人看到這一幕，也會像東寧王國的官吏們那樣，感激涕零、歡欣鼓舞的接受新朝任命——換的只是衣冠，不變的是官職，何樂而不為？

然而，鄭克塽投降後的日子一點也不好過。他在投表中請求康熙允許其居住在福建，因為福建是其家鄉。但清廷受降後拒絕這一要求。鄭克塽與家人被押送到北京，軟禁在北京朝陽門外一條胡同裡，這裡正是當年清廷軟禁其曾祖父鄭芝龍的地方。鄭克塽杯弓蛇影、鬱鬱而終，只活了三十七歲。鄭家三代都沒有活過四十歲。

臺灣其實很「雞肋」，中國一度不想要

康熙攻打臺灣，實際上只是為了杜絕鄭氏政權騷擾東南沿海，打下臺灣後，朝廷一度又主張棄臺。

康熙承認：「臺灣屬海外地方，無甚關係；因從未向化。」、「臺灣僅彈丸之地，得之無所加，不得無所損。」、「海外丸泥，不足為中國之廣。」雍正也說：「臺灣地方自古不屬中國，我皇考聖略神威，取入版圖。」

有官員在上奏中提及：「臺灣乃海洋島嶼，今雖蕩平，與閩省版圖原無關涉。」施琅在〈壤地初闢疏〉中亦承認：「此地自天地開闢以來，未入版圖。」因為派兵駐守臺灣耗費巨資，施琅一度主張將臺灣重新讓給荷蘭經營管理，以換取荷蘭在貿易上

給予大清帝國若干特權，這樣可得到更多實際利益。

可見，在那個時代，無論帝王還是將相，普遍不具備現代民族國家的疆域和國土觀念，不在乎臺灣的主權歸屬。

中共的文宣將康熙塑造成民族英雄，以華夏一統掩蓋滿漢衝突。然而，清末革命派如章太炎等人堅信，華夏並不包括「韃虜」（滿人），唯有「驅除韃虜」才能「恢復中華」。如今，自稱繼承孫文革命傳統的中共政權，卻又要一併繼承大清帝國和滿人的衣缽，其史觀自相矛盾、難以自圓其說。

對鄭成功和施琅的評價也是如此，若肯定前者，必定否定後者；若否定前者，必定肯定後者；不可能兩者皆肯定或皆否定。若說鄭成功是「海外孤忠」，施琅豈不就是背叛舊主的「貳臣」？滿清皇帝利用明朝貳臣打前鋒、逐鹿中原，卻從心底裡瞧不起叛徒。

康熙的孫子乾隆同時下令編兩本書，一本《欽定國史貳臣表傳》，另一本《欽定勝朝殉節諸臣傳》，前一本寫投降的漢奸，後一本寫抗清而死的明朝大臣、士大夫，對前者極盡貶低之能事，對後者不吝溢美之詞，褒貶一目瞭然。但乾隆忌諱莫深的歷史真相是：他的老祖宗努爾哈赤本人當過明朝建州左衛指揮使、龍虎將軍，他們一家不也是明朝的「貳臣」嗎？

施琅有打硬仗實力，誰是習近平的施琅？

在中共官方的歷史敘述中，對施琅的評價因「古為今用」，而在不同時期像雲霄飛車一般忽高忽低。

在以漢族中心主義主導的時期，只要是反清復明的勢力，都被歸入「革命力量」大加讚譽，如鄭成功、太平天國、陝甘及雲南起義回民及晚清革命黨；在大一統多民族帝國意識形態占上風時期，官方輿論又站在清廷統治者這邊，肯定和頌揚清廷開拓疆土、鎮壓少數族裔，比如打臺灣、滅東突厥斯坦、西南改土歸流都是豐功偉業。

毛澤東時代，施琅與曾國藩一起遭到嚴厲批判，被扣上地主階級和異族統治者「孝子賢孫」的帽子，是為虎作倀的漢奸；習近平時代，施琅鹹魚翻身，成了完成祖國統一大業的民族英雄。

此前，中共曾耗費巨資，拍攝另一部為施琅歌功頌德的電視劇《施琅大將軍》。學者陳明參與此劇策劃，受到前輩學者李澤厚的嚴厲批判。

陳明認為，施琅不但不是傳統評價中的貳臣、漢奸，反而是「對中華民族有功的英雄」。他接受媒體採訪時，記者提問若是生活在清初，會選擇像王夫之、顧炎武、黃宗羲三大儒，還是像施琅一樣？他既表示：「選擇王夫之先助南明王朝，然後隱居山林的可能性比較大。」但又說：「如果我知道將孤懸海外的臺灣島收歸版圖，需要一個施琅這樣熟諳水戰的軍事將領，而我又具備這些才能的話，我就會投筆從戎去征戰澎湖！」

陳明不諱言自己是從中國當下現實利益出發看待歷史，「歷史是生長的，民族是建構的，文化是開放的。」

李澤厚「完全不同意陳明的觀點」，他提出：「鄭成功也是民族英雄，施琅也是民族英雄，這不是自相矛盾嗎？這種情境交換不合理。要肯定鄭成功以及岳飛、文天祥、史可法他們，就不能不否定施琅，不能有雙重標準。」

李澤厚指出：「從社會發展大勢來說，我否定滿清；從倫理標準來說，我否定施琅。施琅助大清平定臺灣、統一中國，我認為根本不是什麼順應歷史潮流，不能因今天的某種需要，就如此實用主義的解釋和編造歷史。」

李澤厚更指出，這部電視劇對於對臺工作（按：中國各級政府涉及中華民國〈臺灣〉的政務工作）只有負面效果：「只會激發臺灣民眾對大陸的反感，正中臺獨分子下懷。臺灣很推崇鄭成功，搞這種影射文藝，顛覆了絕對價值，模糊了道德判斷，還容易產生誤導，從哪一方面來看都沒有好處。」

陳明和李澤厚的爭論看似針鋒相對，其實殊途同歸，都是向中南海（按：中國共產黨和中國政府的最高權力機關所在地）爭寵，兩人都不是具備獨立人格、獨立精神和獨立思考的現代知識分子。

康熙有施琅這個能打硬仗的將軍替他打臺灣，習近平的施琅又在哪裡？是口出狂言的御用文人李毅之流嗎？

李毅在社群媒體推特（Twitter）上表示，「解放臺灣，中共解放軍傷亡不會超過兩位數。臺灣雜種根本沒有還手之力，也不敢還手，誰反抗就株連九族。戰後治理也很容易，先屠一半，剩下的就會比狗還聽話，定時餵骨頭就行了。」、「如何解決臺灣降而不服的局面？一個字：屠。『臺獨必須死』這五個字，必須印在每個臺灣人的腦海裡，誰帶頭鬧事就殺誰，我們不會造成大面積傷亡，只要清理掉個別鬧事者就行。一個連國家概念、民族信仰都沒有的雜種聚集地，一群給安倍（晉三）立雕像的賤X，我不信它們的骨頭比導彈還硬！」

習近平以為李毅的嘴皮子就可以打下澎湖和臺灣？他這種妄想可不是空穴來風，因為李毅這個新納粹分子在訪問臺灣時，成為某些統派人士的香餑餑（按：比喻受人喜愛的人或事物），以為他是中南海國師，排隊與之會面，甚至有前任總統與之親密合影。

3 古寧頭之役：打不下金門，就打不下臺灣

美國智庫「新美國安全中心」兵推顯示，如果中國發現封鎖無法讓臺灣屈服，有可能奪取臺灣的部分島嶼，若是成功，對臺灣的政治和軍事是一大打擊，而且這樣較不會引發全面戰爭，以及給國際介入的機會。

兵推也顯示，戰火最容易波及的外島不是澎湖，而是金門。金門島及烈嶼（即小金門）大大小小總共有十二個島嶼，距離廈門約十公里，是臺灣政府所管轄領土中，距離中國最近的地方。

金門主島東西向約二十公里，南北向約十五公里，面積一百五十平方公里，形狀像啞鈴，東部多高山，西部多丘陵。金門雖是彈丸之地，但在冷戰時代及後冷戰時代，卻有如暴風眼，牽一髮而動全身。東亞史學者宋怡明指出：「金門雖小，卻無

比重要。它是一個極其重要的象徵，曾被稱為『亞洲的西柏林』和『中國的奠邊府（按：越南西北部城市，法屬時期法國最大的軍事據點，越南軍隊在此擊敗法軍，取得獨立戰爭的關鍵勝利）』。冷戰期間，人們認為它是自由力量對抗共產主義的前哨站；或被喻為關鍵的第一張骨牌，一旦倒下，就預示著自由世界的崩毀。」

風浪打亂登陸計畫，才開戰就輸一半

中共在中國本土擊潰國民黨之後，毛澤東聲稱：「宜將剩勇追窮寇，不可沽名學霸王。」命令葉飛兵團從福建渡海追擊國民黨殘部。

要拿下臺灣，必先下金門。一九四九年十月二十四日晚上十一點，共軍攻金門的第一梯隊二十八軍和二十九軍下轄的三個團近萬人，乘坐從民間搜刮來的一百多艘大小船隻，向金門方向進攻。由於海潮的關係，共軍先鋒部隊偏離原訂登陸地點，於二十五日凌晨兩點在古寧頭附近登陸。

幸運的是，國軍排長卞立乾在晚上查哨時，不慎觸發地雷，爆炸聲驚醒第一線守軍，金門要塞打開探照燈，便看到海上有許多船隻急駛而來。守軍火砲紛紛向海上發射，金門之戰由此展開。當時古寧頭沙灘上剛好有一輛美式 M5A1 坦克，因白天演習時履帶故障，無法開回營地，留守士兵即以這輛坦克為堡壘，就地開火，阻擊登陸的共軍，造成共軍重大傷亡。戰後，此坦克被譽為「金門之熊」。

後續登陸的共軍部隊遭到國軍砲火猛烈襲擊，傷亡高達三分之一。共軍上岸後，建制異常混亂，不能有系統的開戰，但仍冒死以人海戰術猛衝，鑽隙突破多處海岸陣地。國軍十九軍軍長劉雲瀚在回憶錄中寫道：「共軍在黑暗中攜帶浮器，離船跳入水中，游向岸邊，又被波浪沖回。在如此混亂的情況下，仍能人自為戰，紛紛向岸上突擊前進，其冒死直衝的精神，實令人驚訝！」在廈門的葉飛將軍接到登陸成功的報告，以為勝利在望，準備開慶功宴。

然而，由於不熟悉潮汐漲退，共軍的搶灘船隻在退潮時全陷在沙灘上，動彈不得，無法返回廈門運送第二批次兵力。隨即，國軍空軍出動戰機二百三十九架次，輪番轟炸擱淺在海灘上的中共船隻；海軍也出動多艘戰艦，對這一百多艘木船發動砲擊，將其全部摧毀。金門國軍守軍在坦克和裝甲部隊配合下全力反擊，將共軍逼退至古寧頭附近的南山、北山、林厝一帶的村落。國軍十四師四十二團團長李光前赤膊衝鋒，高叫：「今晚是我們二十二兵團生死存亡關頭。天亮前我們如果不把敵人趕下海去，我們就要下海了！」隨即中彈陣亡，為金門戰役國軍陣亡的最高指揮官。

第十二兵團司令官胡璉回憶說，第十四師原為其新六軍轄下的基幹部隊，在遼寧作戰失利後，輾轉大半個

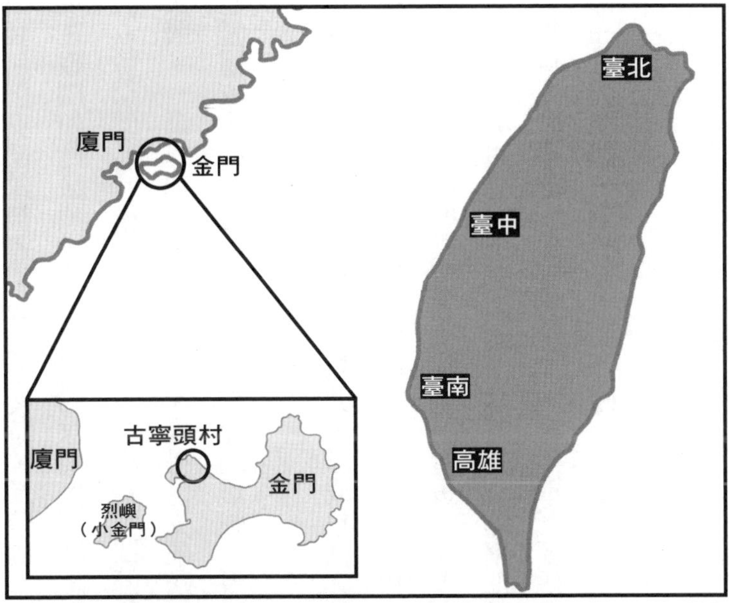

▲ 金門距離臺灣本島約 277 公里，距離廈門僅約 10 公里，古寧頭村是金門本島最靠近廈門的區域。

中國，裝備很差，但戰鬥精神始終不衰。這支部隊被運到金門增援時，當時的金門防衛司令部司令的湯恩伯責備說：「現在戰鬥如此激烈，前方急需部隊增援，應該先令戰鬥兵下船，為什麼讓民夫搶先？」該兵團參謀長楊維翰回答：「這是十四師的部隊，因為尚未領到軍衣，所以仍穿民服。」湯恩伯聽了大為詫異，覺得這支部隊「形同乞丐，怎麼可以臨陣作戰？」但正是這支形如乞丐的部隊，作戰極為頑強，得以力挽狂瀾。

二十五日下午三點，更多國軍援兵登陸金門，與守軍一起對共軍形成包圍之勢。共軍登陸後覺得情況不妙，請求增援。二十六日凌晨，廈門的共軍湊齊一些船隻，由二四六團團長孫雲秀率領兩個連，連同第八十五師的兩個連前往金門增援，前者在湖尾登陸，後者在古寧頭登陸，與據守該地的共軍會合。登陸後，孫雲秀立即率部發起攻擊，逼近金門縣城，遭遇守城的青年軍死戰不退。孫雲秀說：「青年軍怎麼變得能打仗了？」戰後一名被俘的共軍幹部在供詞中說，對於二十二兵團如此頑強，「夢想不到。」

這支青年師經過名將孫立人的訓練，今非昔比。青年師師長鄭果說：「二十二兵團像一隻小蜘蛛，在自己辛勤結成的八卦陣上，網住了一隻比自身大十倍的螳螂。而後二十二兵團投入戰場，則變成了雄獅搏兔，勝敗已決。」天亮後，高魁元的十八軍鋪天蓋地而來，共軍寡不敵眾，邊打邊撤。十一點，胡璉到達金門戰場，接過指揮權，做出新的部署。

讓共產黨的老鄉打共軍，完勝

此時共軍再次被逼回古寧頭村。胡璉到戰況最激烈的前線視察，參謀問：「派遣哪支部隊進攻古寧頭？」胡璉答：「當然十八軍！」十八軍多由江西籍人士組成，胡璉常說：「正氣在江西。自文文山先生之後，江西文風至盛，正人君子，輩出不窮。」實際上，江西是中共經營多年的中央革命根據地，毛澤東起家的井岡山也在江西。正因為共產黨在江西殺人如麻，使得江西人對共產黨恨之入骨，胡璉在江西招募軍隊時，江西人明明知道事不可為，仍踴躍參軍，江西兵形成胡璉的作戰主力。

高魁元指揮反擊，從浦頭以北的海岸線向林厝攻擊，戰況十分激烈。晚上九點，國軍輪番炸射共軍陣地，地面部隊隨後迫近，共軍採取巷戰，雙方戰況慘烈。

二十七日，戰鬥進入第三天，共軍剩餘兵力突圍到海邊，希望利用工具渡海，回去歸還建制，卻發現沙灘上空空如也，沒有一艘接他們撤退的船隻。共軍被困在古寧頭以北斷崖下的沙灘，彈盡糧絕，困獸猶鬥。國軍發動猛攻，擊斃近千人，剩餘共軍皆投降。上午十點左右，古寧頭戰役結束。

▲ 胡璉的作戰主力是多由江西籍組成的十八軍，在古寧頭戰役中將共軍圍困在古寧頭村。（圖片來源：維基共享資源公有領域。）

這場戰役，從十月二十四日午夜前發起，至二十七日結束，於五十六個小時的激戰中，國軍將共軍登島的一百多艘船隻悉數擊毀，共軍登陸的四個團、十個建制營共九千零八十六人，半數戰死，半數被俘，無一船一人返回。

這是國軍第一次把共軍打得全軍覆沒的真正殲滅戰，逆轉了反共局勢，確保臺澎之安全，也遏阻了共黨赤禍向太平洋地區氾濫蔓延。蔣介石說：「此次金門保衛戰的結果，對於來犯之敵萬餘人，予以徹底殲滅，不使有一人脫逃漏網，這是我們剿共以來最大的一次勝利。」蔣經國說：「金馬是我們攻擊時的兩個拳頭，也是我們防禦時的兩把鎖。金門登陸共軍之殲滅為年來第一次勝利，此真轉敗為勝、反攻復國之轉捩點也。」

中共懂得汲取戰敗教訓，臺灣能否留住勝利智慧？

但耐人尋味的是，無論是共軍戰史及相關論述（如曾任解放軍軍事科學院研究員的劉統所著之《跨海之戰：金門．海南．一江山》、中共空軍上將劉亞洲的文章〈金門戰役檢討〉等），還是臺灣古寧頭戰役紀念館及國防部正史中，都找不到一名外來者的名字——根本博。

日本學者野島剛在《最後的帝國軍人：蔣介石與白團》一書中，以專門章節論述根本博在金門戰役中的關鍵作用：根本博是日軍的中國通，中日戰爭期間，曾任北支那方面軍司令兼駐蒙軍司令，一九四六年八月回到日本退役。一九四八年五月八日，根本博扛著釣竿，說聲：「我去釣個魚。」便離家出海，偷渡到臺灣。之後，他成為湯恩伯的私人顧問。湯是常敗將軍，卻在根本博的輔佐下脫胎換骨，在其指揮的前半段金門戰役中堅如磐石。

據根本博的手記，國軍原本的防衛計畫，是在灘頭部署重兵阻止共軍登陸，但根本博指出正面衝突將極為不利，於是整體作戰計畫便改為讓共軍登陸後再予以殲滅。日本作家門田隆將肯定根本博的重大貢獻，認為臺灣官方抹煞其功績，是因為湯恩伯後來在政治鬥爭中失勢。當然，蔣介石聘請前日本軍官組織「白團」整訓國軍，引發美國猜忌，也是臺灣官方對此忌諱莫深的原因。

共軍中有「儒將」之稱的退役上將劉亞洲（中國前國家主席李先念之女婿，因反對對臺灣動武等原因已被習近平整肅）承認，金門之戰是解放軍成軍以來唯一一次徹底的敗仗。「我軍歷史上雖有湘江之戰、西路軍血戰河西走廊、皖南事變等慘重損失，但均非全軍覆滅。……海島作戰，勝則全勝，敗則全沒。這一作戰特點，直至今日仍顛撲不破。」

金門之戰只是師級規模，與國共在中國動輒動員數十萬人的大型戰役相比，無足輕重，但金門之戰的意義絕不僅僅在金門一地，劉亞洲指出：「無金門之戰，便無今日臺灣。金門戰役雖戰於一隅，卻影響全局。這種影響直到今天仍然存在。」、「金門之戰是一次兩棲登陸與反登陸作戰，與我將來解放臺灣的戰爭模式一樣。臺灣是放大的金門。二十八軍是縮小的我軍。金門之戰是一面鏡子，可以正衣冠、論得失。金門戰役暴露出來的諸多問題，今天仍不同程度存在。時光雖不能倒流，歷史卻可以重演。唯有認真吸取金門之戰血的教訓，才能在未來的臺海決戰穩操左券。」

失敗方的中共，積極從金門戰役中汲取經驗教訓；勝利方的臺灣，要如何從金門戰役中尋找勇氣和智慧？

4

八二三砲戰：美國打亂了毛澤東的盤算

古寧頭戰役並非國共面對面的最後一戰。此役失敗後，中共並未放棄攻打金門的野心。一九五〇年韓戰爆發，美國深知必須圍堵亞洲大陸上的共產勢力，改變拋棄逃到臺灣的蔣介石政權的策略，與之簽訂《中美共同防禦條約》（*Sino-American Mutual Defense Treaty*），將其納入反共陣營，為之提供軍事保障。

中共意識到，由於美國的介入，已無法實現攻占臺灣、徹底消滅中華民國政府的戰略目標，卻不斷採取軍事行動，試探國軍的實力及美國的底線：一九五四年，中共對金門發起九三砲戰；一九五五年初，奪取浙江外海的一江山島（國軍守軍戰死和被俘上千人），迫使大陳島軍民在美軍艦隊護航下撤退到臺灣。

一九五八年八月二十三日，金門和馬祖迎來第三波戰事：八二三砲戰。

金馬作為「擋死之島」，替臺灣本島承受了熱戰。自當天下午五點三十分，中共數百門大砲同時向大小金門及大二膽等島密集砲擊開始，在短短八十五分鐘內，共發射了三萬多發砲彈。砲戰持續到一九五九年一月七日，共軍向金門等地砲擊總計超過四十萬枚，無論數量或是密度，都在人類戰爭史上占據一席之地。由於砲戰始於八月二十三日，史稱八二三砲戰，又由於這是一九四九年以後，臺海第二次大規模的軍事對抗，也稱之為「第二次臺海危機」。

金門不重要，但打它就是挑釁美國

砲戰伊始，正值晚餐期間，國軍猝不及防、傷亡慘重。首波砲擊擊中座落在太武山陸峭峽谷的軍官餐廳，胡璉的三位副司令官趙家驤、吉星文、章傑全都不幸殉職，他與前來視察的國防部長俞大維則在地下掩體內逃過一劫。

俞大維頸部及右手臂均受傷，有一塊米粒大的彈片留在他的後腦殼，若稍有偏差，進入大腦，恐怕很難存活。據說，當時一名上校自言自語：「他媽的，早了幾分鐘。」隨即遭到逮捕，結果發現他是一名共諜。第一波攻擊的許多軍事細節迄今仍未公開，但至少造成兩百至六百名軍事人員傷亡。

美國政府沒有任何人會認為金門等小島本身有什麼戰略價值，卻將中國的砲擊看成是對美國決心的檢驗。當時美國總統艾森豪（Dwight David Eisenhower）的顧問們提出，防禦這些近岸島嶼，對保護美國在日本、朝鮮半島、臺灣、菲律賓和印度支那（按：中南半島）的地位，以及防止亞洲發生波及印度支那和緬甸的骨牌效應來說十分必要。美國海軍部長伯克（Arleigh Albert Burke）表示：「蔣總統無法放棄對他和我們來說都是世界上最重要的東西——尊嚴，因此無法放棄那些島嶼，為了保衛原則而甘受砲火洗禮。我們不能要求他放棄，如果我們在武力面前退卻，世人將如何看待我們，我們又如何看待自己？」這是發生在冷戰最緊張時刻的軍事遏制，是對意志力的考驗。

次日，美國國防部命令第七艦隊在臺灣海域進入戰鬥態勢，此後第七艦隊除了協助臺灣海軍補給團赴金門補給外，也與空軍、海軍陸戰隊、陸軍舉行一連串防空兩棲作戰聯合演習，並派駐 F-104A 星式戰鬥機及勝利女神飛彈基地至臺灣，同時也在臺

▲ 美國派遣第七艦隊的巡洋艦協助金門補給，並派駐 F-104A 星式戰鬥機至臺灣協防。（圖片來源：維基共享資源公有領域。）

灣成立作戰指揮中心。

為了直接有效壓制來自共軍的持續砲擊，美國特別提供火力強大的新型「巨砲」至金門，果然在之後的砲戰中充分發揮功效。美國在二戰末期於歐洲戰場投入此種八吋巨砲，所向披靡。據《俞大維傳》記載，作為砲兵專家的俞大維促成該巨砲迅速運抵金門前線，巨砲的戰果遠超出預期，「圍頭各個敵軍砲位，每中一彈，工事橫飛、人員血肉支離、火砲破碎。」

巨砲摧毀了廈門的車站和碼頭，讓中共吃盡苦頭。由此，國軍可以在火力上與共軍抗衡，進而壓制其火力。更重要的是，共軍若意圖占領金門，除了必須在地面有強大火力掩護外，也必須取得金門的制空權，才可遂行兩棲登陸作戰。但自九月起，持續在臺海及金門島發生的空戰中，國軍取得制空權，擊落二十多架米格戰鬥機。

搞不定大饑荒，毛澤東用砲戰鞏固地位

八二三砲戰是毛澤東單獨一人做出的抉擇。八月十八日，毛澤東在反覆思索之

後，寫信給國防部長彭德懷，要他「準備打金門，直接對蔣，間接對美。」

八月二十三日，毛澤東下令砲擊，而發動砲戰的動機，一直是學界爭論的焦點。有人說他是要試探美國的底線，因為美國與蔣介石政權簽訂的《共同防衛協定》中，並未明確將金馬涵蓋在內，中共進攻金馬，美國是否介入、以何種方式介入，對中共來說是一個謎。

另外也有人說，毛澤東企圖以「打金門」在國際共產主義陣營立威，與蘇聯領導人赫魯雪夫爭奪共產黨國家「老大」的地位，他開戰前並未徵求蘇聯的意見，赫魯雪夫聽聞此事後一開始竭力反對，然後又表示支持。

更有人指出，毛澤東是以此壓制中國國內民眾對大躍進和大饑荒的不同意見，「刻意挑起衝突，並將整個社會軍事化」，這是他一貫的做法。近年來的解密文件也證實了這個說法：九月五日，當砲戰進行之際，毛澤東在最高國務會議上表示，「緊張局勢可以調動人馬，調動落後階層，調動中間派起來奮鬥。」總而言之，八二三砲戰是毛澤東配合大躍進運動，而展開的一場宣示性軍事行動，以砲擊金門來鞏固他在黨內的領導地位，並藉此擺脫蘇聯的控制。

然而，國軍的奮勇反擊和美國的積極介入，讓中共遭受重大挫敗。砲戰失利之後，毛澤東在國際和國內的威信都受損，他將解放軍總參謀長黃克誠免職，做他的代罪羔羊。黃克誠是彭德懷的左右手，由此彭毛關係也惡化，一年之後，彭德懷便在廬山會議被整肅。

攻占金門的後果——加速臺灣獨立

砲戰之後，毛澤東不再向外尋求其發動「鬥爭」的外援，而是將矛頭轉向國內，展開一連串激烈的極左政治運動與權力鬥爭，如脫韁野馬，無人可質疑和挑戰他，最後以浩劫般的文化大革命作為其畢生之代表作。

另一方面，毛澤東亦被迫面對現實：若是繼續原有戰略，即是攻取金門、馬祖、澎湖，孤立臺灣，將得不償失。縱然解放軍能順利占領國軍駐防的中國沿海諸島，中華民國統治的領土將只剩下臺灣本島，在地緣上便與中國完全脫離關係，如此一旦出現美方計畫的國共雙方「跨峽而治」現象，可能導致臺灣獨立的局面。基於前述政治上考量，他改變原有政策，決定除非將臺、澎、金、馬一起攻下，否則不個別取下金門、馬祖等外島。此後，中共宣稱對金門採取「單打雙不打」策略，實際上只是一種習慣性的軍事騷擾。

八二三砲戰以後，中國放棄逐一攻占國軍控制的沿海島嶼，臺灣海峽的形勢，實際上已固定為冷戰的軍事對峙局面——欲以戰爭形式消滅對方，基本上不可行。縱使發生武裝衝突，也只是

▲ 毛澤東藉由八二三砲戰轉移大饑荒的焦點，人民公社是造成饑荒的原因之一。（圖片來源：維基共享資源公有領域。）

零星事件，雙方主要戰場已轉移到國際政治舞臺。這是發動八二三砲戰的毛澤東始料未及的局面。

當年十月二十三日，美國國務卿杜勒斯（John Foster Dulles）與蔣介石發表聯合公報，提及金門、馬祖等外島的防衛問題，也正式提出反對蔣介石以武力主動反攻大陸，這大大影響了臺灣國內政治局勢的發展。中華民國即「臺澎金馬」的格局，大致底定。

這段過程充滿偶然：中華民國落腳的不是雲南、海南島，而是剛結束日本統治的臺灣；邊界失去了舟山群島、一江山島、上下大陳島，成為臺澎金馬，一個歷史學者林孝廷所說的「意外的國度」。此後，中華民國政府再也沒有回到中國，反而和臺灣的命運深深嵌合，有學者稱為「中華民國臺灣化」或「中華民國在臺灣的永久化」。

今日中國與臺灣的軍力對比，已非金門之役時可比擬。中共早已掌握絕對的制空權和制海權，單單以軍事實力而論，攻下金門並非難事。但中共仍受制於八二三砲戰所形成的宏觀戰略格局——以政治後果論，一旦中共攻占金門，臺灣便從此與中國斬斷聯繫，加速獨立；以軍事後果論，戰場不可能局限於金門一地，甚至不可能局限於臺海兩岸，而是會擴及整個西太平洋，這場戰爭將不會是習近平所期待的局部戰爭。

或許，中國更期望在金門實現不戰而屈人之兵。金門不僅是兩岸對峙的軍事前沿，亦是中國對臺灣施行經貿戰的首當其衝之地。中國買下臺灣頗為不易，但買下金門則非難事。兩岸開展經貿往來後，中國在金門的經濟、文化、宗教、政治等各個領域的布局，可謂步步為營、環環相扣，金門已成為臺、澎、金、馬當中「最紅」的區域。我曾到金門大學講學，所聽到的大都是親共言論，人們普遍認為離開中國，金門的經濟就會崩潰。

而在臺灣，有獨派居然表示，可以將金門還給中國，這樣就可以跟中國徹底脫鉤。這是一種極為短視的看法，因為它無視金門拱衛臺灣的重要戰略地位。

因此，捍衛金門，臺灣必須三管齊下：在軍事上，加強金門的戰備，擴大兵力和先進武器的部署；在政治上，改善對外島的忽視，提升金門在中央的地位；在經濟上，增加對金門的投資，振興金門產業，避免其經濟完全被中共控制。

臺灣現在的局勢是，一個島嶼都不能丟失，因為丟掉的將不單單是某個島嶼而已，更是整個臺灣的信心。

第四章

直攻本島，二戰時的結果是……

「威脅迫在眉睫」並非危言聳聽。統一臺灣是中共「實現中華民族偉大復興」最重要的那塊拼圖，也是「中國夢」冠冕上最閃亮的寶石。時間並不在我們這邊，臺灣未來的安全繫於執政者與全體人民的一念之間，唯有正確的變革才能有效應對，時間所剩無幾，千萬莫再蹉跎。

——前參謀總長、戰略學者　李喜明

1

渡海、搶灘、巷戰，直攻本島

如果武力封鎖和攻打外島都不能讓臺灣投降，中共就只好實施最後一個方案：占領本島。但是，正如美國傳統基金會研究員詹姆斯・傑伊・卡拉法諾（James Jay Carafano）所指出的：「如果北京想用武力占領臺灣，除非它確信自己能夠速戰速決取得勝利，否則不會採取行動。」解放軍若想占領臺灣本島，將面臨三大難題。

臺灣海峽水淺浪險，潛艦難得利

解放軍登陸部隊需要克服的第一個難題是：順利渡過臺灣海峽，且在濱海戰役中獲勝。

臺灣海峽是侵略者的海上墳墓，海峽南北兩端長約四百公里，最北端（從福建省福州市平潭島到富貴角）寬度約一百七十二公里，最南端（從福建省漳州市東山縣東山島到鵝鑾鼻）約三百七十公里，平均寬度約兩百公里，最窄處為一百二十三公里（新竹至平潭），比英吉利海峽的三十三．八公里寬很多。

狹窄的英吉利海峽是英國最大的安全保障，讓英國從征服者威廉（按：William the Conqueror，法國諾曼第公爵，於一〇六六年入侵並征服英格蘭）之後就不曾被外國軍隊占領過。同理，臺灣海峽是臺灣國防安全的極大屏障，它具備若干阻隔外敵登陸的天時和地利條件，包括：大部分的水深在一百公尺以下，尤其西部沿海離岸十五公里以外，有些深度僅在四十公尺以下，讓潛艦很難活動。中國擁有為數眾多的潛艦，卻難以在此得利。

臺灣西部沿岸的海峽坡度平緩，方便守軍在淺水中部署各種水底防禦工事，可擴大灘頭前線的防禦縱深。

臺灣海峽風浪險惡，約有四至五個月的颱風季節，及連續三至四個月的東北季風，九七%的時間都有風浪，勉強適合渡海作戰的天氣，每年大約只有三個月（春末到夏初）。此外，海峽的水流為南北走向，對於從西向東的渡海航行，會構成相當困擾，容易讓橫渡海峽的士兵暈船及耗損體力。

中國的優勢則在於，已擁有全世界規模最大的海軍，三百六十艘戰艦的規模還在迅速擴大中。此外更有先進的商船隊、海警，和許多跟軍方勢力有關的武裝漁船，這些船隻皆能為中國政府所用，在未來的水陸兩棲戰役中協助載運士兵。但是，解放軍若要登陸臺灣，需要大量的坦克、槍砲、裝甲車和火箭發射器，還得攜帶成堆的裝備和燃料。要帶著這麼多補給橫跨臺灣海峽，既困難又危險，過程中還可能淪為臺灣軍隊的活靶。

曾任臺灣海軍艦長的戰略學者黃征輝（筆名黃河）指出，濱海決勝的大原則，是針對敵人登陸船隊的人員運輸艦，需要陸、海、空同時使用攻艦飛彈，沉重打擊敵人。英國聖安德魯大學戰略研究學者歐布萊恩（Phillips O'Brien）直言，中國欲侵略臺灣，這種想法本身對中國海軍而言無異於一場大屠殺。臺灣已開始大量生產便宜、效率高的陸地用反艦飛彈，類似於烏克蘭用來擊沉俄羅斯黑海艦隊旗艦莫斯科號的海王星飛彈，這種飛彈較小型，但對中國來說未必容易應付。

中共軍隊能否成功登陸，制空權也相當關鍵。解放軍出動運載登陸部隊的船艦（軍艦及調動的民間船隻）之前，必定先使用戰機和飛彈攻擊臺灣重要目標，包括作戰指揮所、機場和戰機、飛彈發射場、坦克和火砲陣地、海軍艦隻等。儘管中國享有空中和海上優勢，但要癱瘓或摧毀臺灣全部空軍和海軍，完全取得制空權，則極為困難。臺灣具有相當多地下機場，以及位於地下的衡山指揮所（國軍聯合作戰指揮中心），讓空軍和指揮系統受到完整的保護。而且，臺灣的空軍和海軍不會被動挨打，一定會反擊，造成登陸船艦重大傷亡，還會攻擊中國本土的軍事基地及重要設施。

窮人核彈，解放軍的難題

解放軍登陸部隊若渡過臺灣海峽，戰爭就進入下一個更為血腥的階段：「不是你死，就是我亡」的灘岸作戰。這是解放軍登陸部隊面臨的第二大難題。

臺灣西部海岸大多是淤泥海灘，東部則大都是懸崖峭壁，可供兩棲登陸的地點很少。對解放軍而言，首先要找到適當的登陸地點，最理想的位置是既靠近中國本土，且在戰略上有利，例如附近有港口或機場。專家指出，符合條件的海灘僅有十四處，但臺灣守軍早已在這些地方挖掘隧道和掩體作為保護，解放軍很難進行登陸作戰。

就一般軍事策略而言，攻擊一方的人數應壓過守軍，比例大約為三比一。美國海軍戰爭學院教授歐曼（Howard Ullman）估計，經動員後，臺灣守軍約為四十五萬人，那麼中國便至少需要派出一百二十萬名士兵，要靠軍艦運送這些人，至少得花好幾週。這段時間，足以讓臺灣完成充分的戰備工作，以及得到美國和日本等盟友的支援。

此外，解放軍實戰經驗不足，美國學者葛來儀（Bonnie Glaser）指出，解放軍上一次上戰場是一九七九年跟越南打仗，當時解放軍作戰表現並不算成功。未來若真的侵臺，可能遭遇嚴重損失。

解放軍攻打島嶼的經驗已是七十年之前。解放軍於一九五五年從中華民國國軍手中奪取一江山等小島時，攻守雙方只是千人規模；解放軍打下海南島時，戰爭的勝負並不在戰場上，且戰況並不激烈，因為一方面中共早已滲透海南島，建立相當規模的地下民兵武裝，且策反了一些國軍高級將領；另一方面，蔣介石並不信任非其嫡系的海南島守將薛岳，擔心他在抗戰中軍功卓著之後，會在海南島另立政府，因此薛岳指揮不動其他派系的軍隊，最後海南守軍被迫撤到臺灣。

解放軍三軍都未經歷過現代兩棲（乃至三棲）作戰部隊的考驗。攻方必須擔心守方的戰機、戰艦或岸上火砲部隊所發射的反艦飛彈，直升機或戰機不僅需要應付防空火砲的威脅，也要面對地對空的防空飛彈。

此外，解放軍最大的困難是缺乏專業的登陸艇，因此數十年來一直在成立一支由大型渡輪、數千艘大型河道駁船，以及數千艘漁船組成的「海上民兵」，可以一波接一波的運載大軍，及其裝甲與支援部隊入侵臺灣。

為了嚇阻解放軍的登陸戰，臺灣發展出殺傷力極大的武器系統，如雷霆二〇〇〇火箭和油氣彈。雷霆二〇〇〇火箭的 M77「雙效群子彈頭」殺傷力強大，爆炸時的碎片可穿透八公分厚的鋼板，威力與手榴彈相當。若以 MK45 火箭滿架射擊，涵蓋面積將達二十萬平方公尺，相當於六個足球場大。油氣彈則號稱「窮人核彈」，具毀滅性殺傷力，其彈著點方圓三至四公里內的生物皆無一倖免。

雷霆二〇〇〇的 MK45 火箭彈發射箱可發射油氣彈，每輛發射車可機動部署，並攜帶兩具發射箱共十二枚 MK45 火箭，若同時發射出去，解放軍一個登陸兵團約兩萬餘人（兩個師）將遭受重創，接近彈著點的人會被攝氏兩千度的高溫燒死，距離遠的人則會因氧氣都被燃燒殆盡，窒息而死。由此可見，現代武器的研發趨勢，讓兩棲登陸作戰進攻者面對的挑戰越來越高。

臺灣人有主場優勢

解放軍登陸面對的第三個難題是：若成功搶灘登陸，繼而向港口、城市和鄉鎮進攻，將面臨慘烈的巷戰。

如果解放軍能夠占領臺灣的大型機場和空軍基地，它將從多達三〇〇〇架的空中巴士和波音民航機隊中調撥很大一部分，來加速輸送入侵和占領部隊。這是臺灣必須小心提防的一種狀況。

但臺灣有兩千四百萬人口，大多居住於稠密的都會區。以臺北市為例，每平方公里平均居住超過九千人，相較之下，俄烏戰爭中幾乎被完全摧毀的城市馬立波，每平方公里平均僅兩千六百九十人。然而正如烏克蘭的例子，臺灣若被侵略，同樣具有「主場優勢」，臺灣人不但熟知本地情況，又具有捍衛家園的強烈動機，巷戰將比烏克蘭更加激烈，給入侵敵人造成更大傷亡。

黃征輝認為，若臺灣保衛戰進入此一階段，防衛戰就是在自家院子裡進行，戰爭的面向極廣，需要各式各樣的人力從事五花八門的工作。此時，現役與後備部隊（兩百多萬人），以及自願拿武器走上戰場、保衛城鄉的「國土防衛部隊」，都是戰士。民兵以在地編組為原則，隱藏在城鎮之中，使用單兵武器，以游擊作戰對付入侵者。這樣，即便解放軍主力占領了臺灣，也無法實行有效的統治，此一階段的人員傷亡，會超過軍隊正面對壘時的傷亡。

臺灣的年輕人已枕戈待旦、聞雞起舞。ＢＢＣ記者傅東飛（Rupert Wingfield-Hayes）在一篇題為〈臺海危機：為什麼越來越多臺灣年輕人開始學習作戰〉的報導中寫道，在臺北郊區的一處訓練場地，大約有三十名年輕人自費學習基本射擊技能。他們使用的是氣槍，但跟真槍幾乎一模一樣。

報導中提到，經營軍事技能培訓公司的江宇斌說：「參加槍支訓練的人數猛增了五〇％，而某些訓練班報名的女生人數達到四〇％至五〇％。人們開始意識到大國侵略弱小鄰國的現實。他們看到烏克蘭發生的事，那表示它有可能在這裡發生。」

傅東飛寫道，在隔壁一棟樓中，一個進階班正在進行巷戰演練。他們全副武裝，身穿防彈服、頭戴頭盔以及無線電設備。正在一張桌子旁練習裝子彈的女生麗莎（Lisa Hsueh，音譯）說：「如果我們與中國的緊張關係導致開戰，我會挺身保護我自己和家人，這就是我學習射擊的原因。像我這樣的女生不會上前線作戰，但如果戰爭爆發，我們可以保護自己。中國是不民主的國家，我很幸運是在臺灣長大，我很珍惜我們的民主自由，我們必須維護這些價值。」

這樣的年輕人將形成臺灣保衛戰的最後一道防線。

2 連麥帥都不打臺灣——美軍跳島戰略

中國人將歷史當做「資治通鑑」，若是想當然耳的認為可以輕取臺灣，不妨先研讀二戰史。

一九四四年，美軍在太平洋戰場已然穩操勝券，其海陸空兵力和戰力皆已達到巔峰狀態。但在麥克阿瑟強力建議下，美軍放棄攻打臺灣的計畫，把目標轉向菲律賓。美軍為什麼會放棄攻打臺灣這一戰略要地？

臺灣是進攻跳板，菲律賓能阻斷補給，麥帥怎麼選？

一九四四年三月，美軍「跳島戰略」在太平洋進行順利，日軍節節敗退，「最後防禦圈」支離破碎。三月間，美國參謀長聯席會議發出指令，要求麥克阿瑟和海軍將領尼米茲（Chester William Nimitz, Sr.）分別提出對呂宋、臺灣及中國沿岸三角地帶的入侵計畫。在研究如何進入三角地帶時，參聯會顧問委員會認為，臺灣是最重要的一個目標，居重要戰略位置，未來不論盟國在太平洋採取任何作戰，都必需占據臺灣，否則盟國不可能建立海上安全補給中國的航路。

此外，臺灣是攻取中國海岸的必要跳板，盟國海空軍從臺灣出發，會比從呂宋更有效切斷日本與東南亞的交通。美軍 B-29 轟炸機若從臺灣北部基地起飛轟炸日本，距離也比從呂宋更近，可攜帶更重磅的炸彈。因此美軍應繞過呂宋，直接進攻臺灣。

先攻呂宋或先攻臺灣？這是參聯會及海陸軍之間爭辯最多、分歧最大的問題。整個一九四四年夏天，參聯會都在討論先攻占哪一處。海軍作戰司令、代表海軍出席參聯會的金恩上將（Ernest Joseph King）主張繞過呂宋先攻臺灣；尼米茲贊同在入侵臺灣之前，先奪回菲律賓中部或南部；參聯會主席馬歇爾（Gen. George Marshall）傾向繞過菲律賓與臺灣，直接進攻日本九州；陸軍成員、副參謀長麥納尼（Lt. Gen. Joseph T. McNarney）主張繞過呂宋先攻臺灣；陸軍航空軍（後來的空軍）代表阿諾

（Gen. Henry Arnold）傾向繞過菲律賓；在戰區實際作戰的將領以麥克阿瑟為發言人，主張先攻菲律賓。

參聯會指示麥克阿瑟準備在一九四五年二月進攻呂宋的計畫，也指示尼米茲準備同時進攻臺灣的計畫。這兩項指令表面上解決了麥克阿瑟「重返菲律賓」的問題，但因為擱置了呂宋與臺灣何者優先的爭論，也使得指令顧此失彼、左支右絀。

▲ 二戰時麥克阿瑟主張跳過臺灣，先攻呂宋，因為盟軍收復菲律賓所需付出的代價較小。（圖片來源：維基共享資源公有領域。）

尼米茲代表海軍發言，主張先攻臺灣，但並不是很堅持。他和麥克阿瑟有一個共識，即是在進攻臺灣或呂宋之前，麥克阿瑟的軍隊應先在菲律賓南部建立鞏固基地。他們各自向當時的小羅斯福總統（Franklin Delano Roosevelt）簡報進攻臺灣和進攻呂宋的方案。

麥克阿瑟在回憶錄中記載，一九四四年七月下旬，馬歇爾通知他去珍珠港開會，但既沒有透露其他與會人員的身分，也沒有提及將要討論的問題。到了會議室之後，他才發現主持會議的是小羅斯福總統。尼米茲在會議中提出繞過菲律賓，從西太平洋進攻臺灣，若實行此一方案，海軍將拿走他麾下的大部分兵力。他無法認同這一方案，並堅持己見——先打菲律賓。這個方案除了他個人急於報復在菲律賓被日本打敗的一箭之仇外，也有他的戰略評估。

麥克阿瑟與參聯會的看法相反：首先，他認為當時的臺灣人對美國懷有敵意，可能無法作為進攻日本本土的基地。其次，從軍事角度來看，若能拿下菲律賓，就能讓美軍實施空中和海上封鎖，阻斷從菲律賓以南向日本輸送的一切物資，進而癱瘓日本的工業。除非能從呂宋提供空中及後勤支援，否則入侵臺灣是過度冒險。反之，若盟軍先攻下呂宋，便可繞過臺灣，進攻更北方的目標，加速結束戰爭。

無法提供後勤補給，就沒有戰略價值

一開始，小羅斯福和最高決策層對兩個方案持中立態度，後來逐漸被麥克阿瑟說服。當然，這也跟前線戰局的發展密切相關。

當麥克阿瑟的建議得到美國聯邦政府的支持時，尼米茲也提出了一項最新計畫。本來美國當局一向主張先攻占臺灣島，再向西進攻，以確保掌控中國內地一個港口，現在尼米茲卻建議同時進攻臺灣南部和廈門地區。

陸軍立即指出尼米茲的新計畫有許多缺點：第一，日本人不會容許聯軍兵力安居在臺灣南部，一定會從北部向其發動猛烈反攻；第二，很難同時堅守臺灣南部和廈門地區兩個灘頭陣地；第三，這個地區距離日軍在中國的多處基地頗近，聯軍不易對付日本飛機的攻擊，也不易阻止日軍的增援。

他們相信該計畫最後必然會變成一場成本巨大的長期作戰，不僅仍需占領整個臺灣，而且還要攻占中國大陸很大的地區。這樣大規模的地面作戰，將會延緩進軍日本本土，美軍也吃不消這樣的人力負擔。陸軍情報估計，在此地區的日軍，要比尼米茲總部所想像的更多，若真想執行這個新計畫，尼米茲必須有更多的兵力。

陸軍繼而認為，假使先攻臺灣，則將牽制許多部隊、船隻、登陸艇和飛機，對於進攻呂宋，可能延遲到一九四五年十一月都無法發動。同理，對於攻擊日本的其他重大目標，例如進攻沖繩，也同樣會延遲。先攻呂宋反而比較安全，美軍到呂宋的航線較短且容易保護，假使呂宋仍在日軍手中，則很難確保到臺灣的航線安全。

當美國聯邦政府內部還在激烈討論時，中國的情況又發生重大變化。九月中旬，日本對中國中部和南部諸省發動大規模進攻，國軍潰不成軍。盟軍中國戰區參謀長史迪威（Joseph Warren Stilwell）向參聯會報告，日軍在中國東部和東南部的攻勢，已經使美軍失去第十四航空隊可以有效支援美軍入侵呂宋或臺灣的最後基地。失去這些航空基地，一時之間也無收復的可能。

這個消息立即衝擊美國聯邦政府。陸軍航空軍原本的意圖，是擴大在中國東部的機場，以供 B-29 空擊日本、朝鮮、滿州及臺灣之用。現在已完全失去這些基地，且中國軍隊無法收復回來。於是，在中國海岸攻占港口的需求也隨之喪失迫切性，因為占領港口的目的，本是為了在中國打通一條良好的補給線，以便發展這些航空基地。更進一步說，攻占臺灣的主要理由，即是在中國海岸建立一個重要的踏板，而現在這個想法也成了空中樓閣。

這個形勢發展，迫使海軍必須重新考慮攻占臺灣南部和廈門的計畫。大多數海軍人員都認為，若僅入侵臺灣而不同時攻占中國一個沿海港口，則毫無意義。因為臺灣當時缺乏能夠供大艦隊停泊的港口，也無法提供美軍在西太平洋所需要的後勤基地。

與此同時，美國海軍攻占了馬里亞納群島中的塞班和天寧島，這兩個島距離東京比臺灣南部還近，且不受日本空中攔襲的威脅，還有較大的空間可以修建B-29機場，亦可應對空中攻擊。陸軍航空軍預計在一九四四年底以前，就可以從這兩處島嶼對日本本土發動B-29的攻擊。而即使尼米茲能在一九四五年三月一日入侵臺灣南部，B-29也還是要到六月方能從那裡發動作戰。對照之下，臺灣對陸軍航空軍而言已不具備戰略價值。

一九四四年十月，參聯會最終做出優先攻打呂宋的決定，理由是美軍後勤能力的限制，和同時攻克兩處的難處。顯然，總統及軍方決策者都接受了麥克阿瑟的看法——進兵呂宋所需的時間、人力、金錢費用，都會比進兵臺灣低。

臺灣比呂宋更難以攻克，美國付出的代價要大得多——菲律賓此前是美國的託管地，大部分菲律賓人比較親美，將日本人視為惡劣的殖民者，菲律賓的抗日運動始終沒有停止過。相比之下，日本統治臺灣將近五十年，大部分臺灣人以日本國民自居，不反對日本的大東亞戰爭，還積極到日軍服役。

日本在臺灣的戰備狀況亦優於菲律賓，日軍在臺灣駐紮了超過二十萬守軍，臺灣的工業基礎和經濟水平領先於菲律賓。所以，參聯會的結論是：「在一九四四年年底之前，無法充分供應攻占臺灣所需的人力和補給。」

美國海軍新使命：運送部隊和物資

美軍攻克呂宋的海上力量讓人嘆為觀止，用麥克阿瑟的話來說，「在我周圍集結著史上最龐大的艦隊之一。」美國海軍擁有十七艘快速航空母艦、十八艘護航航空母艦、十八艘戰列艦、七艘重型巡洋艦、十六艘輕型航空母艦、九十五艘驅逐艦和四十五艘魚雷艦。第三十八特混艦隊的航空母艦做好了起飛一千架飛機的準備。

美軍登陸呂宋期間的大規模海戰，摧毀了日本海軍的主要戰力，此後這支艦隊無法再組織任何行動。

美國牢牢掌握著制海權，日本的命運落入美國手中，麥克阿瑟說：「我知道這將是太平洋戰爭中至關重要的一場戰役。其結果將決定菲律賓群島的命運，和對日作戰的未來。萊特島將如同一座鐵砧，我希望敲擊它能夠迫使菲律賓中部的日軍屈服——那裡是我征服呂宋，乃至最終征服日本本土的跳板。如今主動權在我手中，戰爭已發展到了決定性階段。此時，日軍的一次重大失利將決定日本帝國的國運，徹底改寫其數個世紀的不敗傳統。」麥克阿瑟的這段陳詞餘音繞樑。

今天，中共的陸、海、空軍實際戰力，遠不如當年麥克阿瑟掌握的美軍。當初的麥克阿瑟尚且不願付出重大代價攻打臺灣，今天的中共軍隊豈能輕易打下防守力量比當年更強的臺灣？

當時的美軍已在諾曼第登陸中積累了豐富經驗。海軍史家喬治・貝爾寫道，美國在安全和機動性，以及建造和運輸方面的出色成績，極度彰顯了美國的海權。向陸地運送部隊和補給，成為海軍的另外一項使命。馬歇爾將軍在一九四三年說，他所接受的軍事教育和戰前經驗，全部基於公路、河流和鐵路，但在開戰之後，「我不斷學習基於海洋的戰爭。一切都要重新來過。這場戰爭之前，我從來沒有聽說過橡皮艇以外的任何登陸艦艇。而現在，我滿腦子想的都是它們。」

一九四四年六月六日的諾曼第登陸行動，是從一支大型艦隊上發起，戰艦為行動提供火力掩護，射擊距離深入岸上數英里之處。德軍守將隆美爾（Erwin Johannes Eugen Rommel）向希特勒（Adolf Hitler）彙報，盟國海軍的砲火如此猛烈，「以至於步兵或坦克，不可能在被砲火密集攻擊的區域採取任何行動。」

空中掩護是登陸行動的致勝關鍵，有三千五百架重型轟炸機、兩千三百架中型和輕型轟炸機、五千架戰鬥機、一千四百架空降部隊運輸機，和三千架滑翔機參加諾曼第登陸。在D日（按：D-Day，軍事術語，表示作戰行動發起的那天，亦是諾曼第登陸的通稱）之後的十二天內，三十一萬名士兵、四萬一千輛交通工具、十一萬六千噸物資被相繼送往諾曼第沿岸、美軍控制的海灘。英國在同一時期，也向英國控制的海灘運送了數量相當的人員和物資。

一年後的日本九州島登陸戰，因日本宣布投降而沒有進行。一九四五年八月，美國集結的登陸力量數字讓人瞠目結舌：一千一百三十七艘戰船、一萬四千八百四十七架飛機、兩千七百八十三艘大型登陸艦艇、數千艘小型登陸艦艇，再加上四百處前沿基地，和太平洋艦隊補給分遣隊數百艘船艦的支援。這是「人類戰爭史上規模最大的海軍兵力部署，和最昂貴的後勤供應系統。」

七十多年前的美國，就有能力達成這一奇蹟；七十多年後，美國若要集結類似規模，或甚至更大規模的軍事力量與中國作戰，絕非難事。對照之下，今天解放軍的兩棲登陸運輸能力非常可憐，只能一批次送一萬至兩萬人登陸，靠這點兵力，不可能迅速擊敗臺灣的反抗。

▲ 盟軍在成功占領諾曼第海灘之後，再攻下位於西側的瑟堡，以利盟軍補給。（圖片來源：維基共享資源公有領域。）

3 英國也有一份兵演侵臺報告

中國很清楚自己與美國的差距。中共鷹派喉舌《環球時報》前總編輯胡錫進多年來一直宣揚美國衰落、中國崛起，中國隨時可以將飛彈扔到臺灣總統府總統辦公室的辦公桌上。美國若敢出兵，必將有去無回。

但突然有一天，胡錫進卻說出了真話：「臺海若爆發衝突，無論美國是否介入，中國須滿足三個條件才能贏得戰爭：核彈頭的軍事武備必須突破千枚；彈藥和戰機總量，都要超過美、日、臺可以調動參戰力量的總和；還要具備能夠在一天之內對臺灣投射萬枚以上炸彈的能力。」

胡錫進所說的這幾個條件，與中國軍方現今的裝備狀況相差甚遠。即便以目前中國瘋狂擴軍備戰的速度，恐怕再花半個世紀都很難實現。胡錫進看似氣勢洶洶，實際上卻色厲內荏，有中國網友說他是在「高級黑」（按：一份名為《中共中央關於加強黨的政治建設的意見》的紅頭文件（行政機關所發布、具有普遍約束力的規範性文件）上指出，不得搞任何形式的「低級紅」、「高級黑」。「高級黑」是或明褒實貶、或指桑罵槐、或指東打西，以精心策劃但又不易察覺的方式進行攻擊抹黑），是在「長他人志氣，滅自己威風」，為解放軍不敢攻打臺灣找臺階。

臺海衝突，指望聯合國出面解決就無言結局

二〇二二年十一月八日，習近平視察軍委聯合作戰指揮中心時，明白表示了新一屆軍委「全面加強練兵備戰的決心」。隔天，英國國防學院專家穆亞特（Tom Mouat）像在唱反調一樣，主辦了一場兵棋推演，由英美軍事與學界人士扮演中國領導階層及美國、臺灣、日本、澳洲等國政府，試著模擬出臺海發生衝突的可能性。隨後，《外交政策》（*Foreign Policy*）雜誌發表了這份非機密等級的兵演報告。

兵演一開始（兵演時間即為現實時間），中國透過對臺灣經濟施壓來推動統一策

略，並提出糧食供應補貼，以降低美國利益，及掌握對臺灣經濟的影響力。但臺灣不為所動，反而決定延長義務役役期來強化軍力。美國派出經濟代表團到中國，試圖緩和緊張狀態，但兵演顯示，此舉成功率僅三〇%，即是美國的交涉無濟於事，繼續激化兩岸對立。

兵推時間轉到一年之後，美國與日本、澳洲等國，在菲律賓外海舉行聯合海軍演習。中國的反應是在臺灣海峽附近展開軍事恫嚇。

再過一年，透過外交對臺示好不成的中國，兵不血刃，派出便裝軍人祕密登陸占領金門。美國宣布提供新型高科技武器給臺灣，臺灣以水雷防守其他離島。對此，中國對臺發動海、空封鎖，切斷臺灣島與外界的聯繫。

至此，臺海局勢已演變為類似古巴飛彈危機的對峙情況，只有人道援助可以送進臺灣。

中、美、臺政府會面協商，但由於中國堅持統一臺灣、臺灣堅不退讓，協商停滯不前。費時超過一個月，中國的大軍並未發動攻擊，但已來到臺灣沿海。

此時，中國軍方認為時機已到，向臺灣人民喊話：「我們請問臺灣人，你們是寧可徹底失去一切，還是達成雙方都同意的協議？」

兵推扮演者於是展開辯論——

中國：「我們開放談判。」

臺灣：「我們試著談判，但看來是個僵局。」

中國：「我接下來的政策，是下令空降部隊和特種部隊進入臺灣，我們不向平民開槍，但會打通直達臺灣首都臺北的道路，接著占據總統府和國會，將總統、行政院長和國會議員抓起來當人質，然後迫使你們投降。」

臺灣：「這沒有用。我們很快就會發現入侵者並圍剿他們。而且，我們的重要政府人員此時可能都在祕密地堡中。」

這一招失敗後，中國軍隊大規模登陸臺灣就成了最後、也是唯一的選項。

兵演報告指出，相較於俄羅斯侵略烏克蘭，中國侵臺更加困難。因為兩岸之間有臺灣海峽相隔，海上一年到頭沒有幾個月風平浪靜，而且臺灣島沿岸大部分都是令人生畏的峭壁懸崖。侵臺最可行的做法，是從地勢相對低但防守森嚴的西海岸攻入，但此處的泥灘會大大提高兩棲登陸作戰的難度。現階段普遍的觀點都認為，中國雖擁有兩百萬大軍和世界規模最大的海軍，但其兩棲作戰能力仍不足以侵略臺灣，而且又是在美國挺臺的狀況下。

但若雙方血戰開打，戰爭持續下去，會對中國軍隊造成大規模死傷，對臺灣帶來更慘重的毀滅，全球權力平衡亦會劇烈動盪。此兵演顯示；儘管如此，美國還是對出兵臺灣躊躇不決，希望透過聯合國解決衝突，但此舉又會耗費一週時間，且不會有結果（在近年來的多場區域衝突中，聯合國都極其低效無能）。

屆此，整場兵推告一段落，主持者並未給出誰勝誰負的結果。

二〇二七年就會侵臺？連英國都緊張

兵推結束後，參與者討論各自角色的動機與做法。扮演中國政府的專家表示，自己確實採取比較挑釁的方式，但拉高衝突時是「很平衡」的，發動攻擊之前先切斷糧食來源，但仍允許部分人道援助。至於美國為什麼沒有及時反應？扮演美國的人主張，臺灣政府的合法性缺乏全球支持，且俄烏戰爭後各國已經疲乏。

其他種種問題，在兵演中懸而未決，包括：中國和美國真的會冒險失去臺灣獨步全球的半導體製造能力嗎？美國為什麼未能強制打斷中國對臺的封鎖，或是對中國施加釜底抽薪的制裁？制裁真的能迫使中國退讓嗎？

兵演主辦者穆亞特表示，像這樣的兵棋推演，有六成的機率正確預測局勢，比個別專家的預測更為準確。不過，兵演的重點，還是在於促進專家學者的對話。

《外交政策》雜誌繼而訪問多位專家，這些人認為中國的確有可能侵臺，至於會什麼時候發生，專家看法不一。

易思安表示，從習近平過去的做法看來，「戰爭隨時可能爆發，以出乎所有人意料的形式爆發。」他認為，二〇二二年八月，中國在臺灣周邊發射彈道飛彈的舉動「破壞穩定」，無視國際法，應被視為「有敵意企圖的訊號」。

美國軍方預測，中國可能在二〇二七年之前侵臺。但智庫「蘭德公司」的東亞專家席拉帕克（David Shlapak）不以為然，認為此預測是「把能力與意圖混為一談」，雖然中國確實在提升侵臺能力，但同時也認知到其中的風險。針對中國近期官方說詞越來越強硬，席拉帕克不認為這反映了中國對「美臺關係緊縮的認知」。他相信，除非臺灣或中國的立場出現巨大改變，否則接下來十年左右，兩岸都會保持現狀。

倫敦大學中國研究所專家曾銳生指出，中國大約到二〇二七年才有能力侵臺，但仍缺乏發動全面入侵的整體組織力量。但如果習近平有一天真的認為他能「付出可接受的代價」侵臺，「那麼他就會這麼做。」

曾銳生認為，習近平將終其一生掌握權力，並在未來十到二十年內攻打臺灣，此舉是「最後的手段」，因為中國政府仍指望臺灣政府自行投降，如此一來美國便不太可能介入。然而，臺灣身為一個「有活力的民主社會」，必定強化國防實力，展開反擊。中國政府的對外說詞，是想讓外界以為他們關心的就是統一，但實際上，他們還有更大的目標，即是「讓美國的印太戰略破產」，並讓臺灣變成中國在太平洋擴張的據點。

二戰後，英國逐步退出亞太地區，並將世界霸主的寶座讓予美國，但在西方民主國家陣營中，英國仍是僅次於美國的第二軍事大國，作為老牌海權國家，更不可能對亞太事務置身事外。此次兵演，顯示了英國對臺海危機的高度關注。

二〇二三年二月，英國《衛報》（*The Guardian*）獨家引述消息人士的說法，指出國際間對於解放軍可能侵臺的時間點推論不一，最遠的時間點在二〇四九年，但近來對於發生衝突的憂慮正不斷提高，因此英國官員頻繁預測臺海爆發戰事可能造成的影響。

在例行的「未來事件」推演中，英國政府已納入中國侵臺造成全球半導體供應鏈中斷，以及西方國家協調因應等議題。英國是否會如伊拉克戰爭和阿富汗戰爭那樣，出兵與美國並肩作戰，亦將成為二戰之後英國最為重要的國家決策。

4 美日聯軍獲勝有四大條件

美國華府智庫「戰略與國際研究中心」公布了一份名為「下一場戰爭的首役」的臺海戰爭最新兵棋推演報告，指出若中國二〇二六年以武力進犯臺灣，在其模擬的二十四種戰況中，在美、日等國介入下，經過為期三週的全方位衝突，中、美、日、臺各方都損失慘重。

中國方面，侵臺的結果將是中國海軍覆滅，預估有約一百三十八艘主力艦艇遭擊沉，一百五十五架戰機被擊落，另外將損失近一萬名人力。此外，還有數以千計的解放軍遭俘，其兩棲作戰能力核心也將瓦解。

若中國戰敗，中共的獨裁統治將陷入危機，乃至走向崩潰——歷史經驗證明，獨裁政權發動的對外戰爭一旦失敗，將難以維繫其政權，大大加快覆滅速度。

臺灣方面，軍隊作戰傷亡可達約三千五百人，全部二十六艘驅逐艦、巡防艦都被擊沉，空軍也將損失大半。

美方將損失兩艘航艦、十至二十艘大型水面艦，另有三千兩百名官兵陣亡，人力損失相當於在伊拉克及阿富汗兩地二十年損失的一半。由於海軍軍力遭嚴重削弱，美國的全球地位將有很長一段時間難以恢復。

日本方面，美軍駐日基地將成為解放軍攻擊目標，因此日本將會有二十六艘艦艇、逾百架戰機的損失。

這份兵演報告指出，即便中國的侵略以失敗告終，但臺灣在戰後將面臨極為蕭條、百廢待興的晦暗前景。受到戰事波及，包括水、電、鐵公路在內等基礎設施都將嚴重毀損，經濟也因此而重挫。

但兵演主持者強調，這份報告並未做出臺海戰爭「不可避免，或是有可能發生」的暗示，且「中國領導階層有可能採取包括外交孤立、灰色地帶作戰，或是經濟脅迫等方式」，試圖不動用戰爭而達成其目的。

該兵演機構長期與美國政府與軍方合作，得出美、日、臺方「慘勝」的結果，與此前美國其他智庫、大學所做的研究報告大致相似。此類評估刻意誇大解放軍的戰力，同時低估美軍的戰力。唯有如此，美國軍方才能要求政府和國會維持、乃至增加軍費預算，若是美軍在軍演中輕易獲勝，國會及其代表的民意一定會要求裁軍及降低軍費。

正是在此一背景下，《美國國防新聞週刊》（*Defense News*）指出，美國海軍戰爭學院曾就中共部隊與美國海軍在太平洋發生衝突的狀況，進行兵棋推演，結果是中共部隊擊敗美國部隊。這是美軍「居安思危」的傳統，並不能認定為美軍缺乏擊敗解放軍的實力與自信。

抵禦中共的關鍵：奮戰撐到援軍趕到

兵演不是想入非非，而是應當指向一定的現實狀況。美國海軍戰爭學院資深研究員、兵演報告作者之一的坎西恩（Mark Cancian）強調，在中國攻臺的二十四種情境中，美、日、臺聯軍要達成四個必要條件，才有可能在戰爭中獲勝。

首先，臺灣必須奮力反抗，撐到援軍趕到的時間。若臺灣在中國進攻的前期很快投降，如二戰時期的丹麥（一九四〇年四月九日，德軍越過邊界進入丹麥，丹麥七十歲的老國王當即召開內閣會議，並於當天宣布投降，創下四個小時即投降的二戰最短時間內投降紀錄），那麼美國就算想反轉局面，也將無計可施。

有專家評估，臺灣最多具備防守七天的能力；甚至有人說，臺灣若孤軍奮戰，只能堅持四十八小時，乃至二十四小時。

臺灣國防部長邱國正在立法院接受質詢時被追問：「如果中共攻臺，臺灣在沒有馳援情況下可以守多久？」他回答說：「敵要來就奉陪，要多久就多久。」臺灣前參謀總長、國防部副部長李喜明曾指出，自助不見得必然人助，自己的國家終究得自己救。無論是否認同「今日烏克蘭，明日臺灣」這句話，臺灣的安全既不能祈求中國的善意，亦不能依賴其他國家的友誼，追根究柢還是得靠自己，亦即臺灣需自我檢視：是否具備「正確的戰略」、「堅定的意志」，以及「存活的能力」。

曾任烏克蘭國防部及對外情報局首長顧問、時任烏克蘭「國防改革中心」領導人的丹尼柳克（Mykola Danyliuk），同時代表烏克蘭協調與北約的合作事務，他在接受臺灣媒體訪問時指出，臺灣與烏克蘭有許多相似之處，包括北京不排除武力解決所謂臺灣議題，投入大量資源企圖影響臺灣內部情勢。除了軍事手段，北京還有許多方法，能讓對它有利的臺灣政治勢力「順理成章」掌權，「在烏克蘭，真正親俄人士不超過總人口的八%，但臺灣的情況或許不同，畢竟中國至少在經濟上有吸引力。」

丹尼柳克批評，西方大國未能在戰前有力遏制俄羅斯的戰爭野心，若自由民主陣營不願及早嚇阻俄羅斯這種多次囂張違反國際法的國家，臺灣顯然也不宜過度樂觀。他指出，臺灣不是烏克蘭，但烏克蘭的處境和它因應霸凌與侵略的做法，非常值得臺灣參考。臺灣可汲取的啟示是：只有自己強大起來，才能不當任何國家的「小老弟」。烏克蘭經過浴血奮戰，才贏得當初不看好它的西方大國領導人的尊重，西方才軍援烏克蘭。

打通菲日軍事管道，加快美國出兵速度

其次，美國必須在中國出兵後也立即出兵與之抗衡，否則臺灣自我防衛的戰線將

被中國攻破。臺灣是一個孤立的島國，美國無法效法軍援烏克蘭那樣，經由陸路源源不斷的提供臺灣軍備和後勤補給，只能從脆弱的海路援助物資。若中國封鎖臺灣，外國運送軍需品的船隻必然遭中國攔截並掠奪。因此，對臺灣的外援必須及時而迅速，「美國出兵協防臺灣的速度越慢，最後在戰爭中傷亡的人數會增加，中國戰勝的可能性亦會增加。」

美軍印太司令戴維森（Philip Davidson）曾表示，共軍攻臺，美軍若馳援第一島鏈需要十七天。這個時間顯然太長了。美軍需要在菲律賓等臺灣周邊國家增設軍事基地和增加駐軍，以便臺海有事時就近馳援。

二〇二三年二月，菲律賓總統小馬可仕（Ferdinand Romualdez Marcos Jr.）表示，一旦臺灣海峽有事，很難想像菲律賓能不被捲入的可能性。二〇一四年美國與菲律賓的《加強國防合作協議》（*Enhanced Defense Cooperation Agreement, EDCA*），使美軍可以使用菲律賓的五個軍事基地，包括在那裡輪派軍隊、預置與儲備武器裝備，提供補給和其他後勤支持。最新的擴展協議又讓美軍取得其他四個基地的使用權。這些軍事基地大多數位於呂宋島，是菲律賓離臺灣最近的陸地，未來能強化第一島鏈的防禦，特別是應對臺灣的緊急情況。

第三，美國必須從在日本的美軍基地部署戰略行動，這需要事前與日本協商，若東京不同意，美軍便只能從美國領土出發，這樣的武力配置將不足以捍衛臺灣政府的自治權。因此，美國應立即著手強化在日本和關島的基地，以抵擋中國的飛彈攻擊。

二〇二〇年，日本政府斥資一百六十億日圓，向私人公司購得日本第二大無人島馬毛島，計畫在島上鋪設飛機跑道，以供美軍進行模擬航空母艦起降訓練。馬毛島距離位於沖繩的普天間基地五百公里、位於瀨戶內海西岸的岩國基地四百公里、關島基地兩千三百公里，緊鄰的大隅海峽是連接太平洋和東海的海上要道。

日媒稱，馬毛島軍事基地的建設不僅將進一步強化日美同盟，還可加強日本西南方的戰略部署。這裡便於駐日美軍航空母艦載機的訓練，和日本 F-35B 艦載機聯隊開展訓練。在必要的情況下，馬毛島的訓練基地可隨時轉變為戰機的作戰出發基地，從而成為日本在西南方的戰略支柱。

最後，美國需要部署眾多反艦飛彈，這會使這場戰爭更有利於美國，並降低美軍的傷亡。如果美軍在戰爭中能有效控制人員的傷亡，國內主流民意會相對較為支持這場保衛臺灣的戰爭。

美國有強韌的民主體制，即便在戰場上暫時受挫，也不會引發國內重大社會動盪，乃至憲政崩潰。比方說，阿富汗戰爭二十年來的損兵折將、天文數字般的軍費，美國最終仍然無功而返，倉皇自阿富汗撤軍，致使幾屆總統和政府受到民間輿論猛烈抨擊，但都並未發展成讓美國傷及根本的政治危機。

相反的，中國是強力維穩之下的一黨專制國家，一旦入侵臺灣的戰爭遭遇挫敗，連帶引發嚴重的經濟危機（這是必然的），無法維持巨額的維穩經費時，維穩模式只能走向崩塌。與此同時，民間的不滿和抗議迅速高漲，甚至形成大規模社會運動，終結中共的獨裁統治。

第五章

中國四場對外戰爭的慣例——偷襲

可憐無定河邊骨，猶是春閨夢裡人。

——陳陶，《隴西行四首》

1 韓戰：與聯合國為敵，百萬官兵戰死

中國從來不安於現狀，否則國土不會不斷擴增，中共建政之後，先後與周邊四個國家爆發了四場戰爭（或邊境武裝衝突）。中共有勝有敗，有得有失，總結歷史，有益於預測中共未來的動向。

一九五〇年六月二十五日爆發的韓戰，是二戰結束後第一次地區性武裝衝突，亦為一九四九年中共建政後，首次派兵至國境外作戰，更是冷戰時代中國和美國在戰場上首度交鋒。

韓戰徹底改變了臺灣的命運：一度被美國拋棄、逃亡到臺灣的蔣介石政權起死回生，重新被美國納入軍事保護圈；出兵朝鮮半島的毛澤東，則失去武力征服臺灣的戰略契機，與美國為敵、閉關鎖國三十年。

中國官方一直掩蓋韓戰是北韓一方挑起的歷史事實，並聲稱中國與北韓打贏了這場戰爭。由自由派學者搖身一變成為御用文人的中國人民大學教授劉小楓在〈龍戰於野，其血玄黃：共和國戰爭史的政治哲學解讀〉一文中聲稱：「清末以來中國與西方外敵的交戰，幾乎都是被迫的，到了朝鮮戰爭的後期，中國則完全轉為主動，並且第一次與西方強敵打成平手……朝鮮戰爭是漢武帝以來，中國與蠻夷對戰中最大的一次勝利。朝鮮戰爭扭轉了中國在東北亞的地位，塑造了中國人的現代品格。」他認為，「唯有毛（澤東）建立的軍隊具有全民性和國家性。並且，唯有毛（澤東）具有國際眼光，和國際政治抱負」，將毛澤東視為「國父」。

劉小楓為極權制度、侵略戰爭和暴君辯護，指鹿為馬，且自相矛盾，既說中國在韓戰中是勝利一方，卻又承認「中國與美國打成平手」。

到底誰是勝利者，誰是失敗者，從雙方傷亡數字可以看得一清二楚。據美國專家估計，至少有一百五十萬名中國志願軍和北韓人民軍戰死，其中志願軍死亡人數可能為八十萬至九十萬人（蘇聯官方解密文件稱中國死亡人數為一百萬人，中共官方的數字是志願軍戰死三十六萬人）。

中共軍頭（按：高階將領）聶榮臻在回憶錄中說：「我們在朝鮮打了三十三個月，也有不少傷亡，但比美軍的傷亡要小……美軍戰鬥減員是三十九萬人，平均每月傷亡達一萬多人。」但事實上，美軍戰死三萬三千人，受傷十萬五千人，數字背後每個人都有名有姓、清清楚楚。以美軍戰死三萬三千人對比志願軍戰死百萬人，比例為一比三十。

輕視美軍實力，把士兵當砲灰

毛澤東出兵朝鮮的決定幾經反覆。他當然知道，出兵朝鮮會對中國的安全和經濟建設帶來重大影響，但他將金日成進攻南韓看作是「中朝共同的事業」，並把攻占臺灣、統一中國之事放在第二位——在金日成向南韓發動攻擊五天後，他告知海軍司令蕭勁光：解放臺灣向後推遲，目前的首要任務是抗美援朝。這說明毛澤東不僅是站在中國領導人的立場，更是站在東方革命領袖的立場上來思考和決策。

毛澤東一開始就決定出兵，在邊境準備了四個軍，共三十二萬人。既然史達林

（Joseph Stalin）不敢出兵，他若出兵並打敗美軍，就能在共產主義陣營贏得比史達林更高的地位。他認為中國軍隊是可以打敗美軍的：「美國在軍事上只有一個長處，就是鐵多，另外卻有三個弱點，合起來是一長三短。三個弱點是：第一，從德國柏林到朝鮮，戰線太長；第二，美國與朝鮮之間隔著大西洋和太平洋，運輸路線太遠；第三，美軍戰鬥力太弱……不如德、日。」

然而他這三個判斷都是錯的。美軍的全球投放軍力能力是他無法想像的，地理阻隔早已不是問題；美軍剛剛在二戰戰場上擊敗德國和日本，戰力當然超過德、日。

當美軍在仁川登陸、北韓軍隊潰敗後，毛澤東由輕敵變得畏敵，對出兵猶豫不決。十月七日，他對蘇聯大使羅申（Nikolai Vasilievich Roshchin）說：「中國軍隊的武器裝備非常差，沒有坦克、大砲不足，缺乏其他技術兵種的專業人員，運輸工具也十分短缺，最嚴重的問題是中國沒有空軍。」他害怕出現「出動幾個師，隨後又被敵人驅趕回來」的結局，打敗仗有損他的光輝形象。

史達林致電毛澤東：「這需要害怕嗎？我認為不需要。」為了維護面子，毛澤東終於下令出兵。於是，中國軍人成為毛澤東的砲灰，毛澤東又成為史達林的砲灰。

毛澤東的偷襲戰術，讓中國軍隊在第一次和第二次戰役中占上風，但也付出巨大代價：志願軍損失了十萬人，僅第九兵團就有三萬名士兵凍傷、一千名士兵凍死。但他從不把人命放在眼裡。

眼看勝利在望，毛澤東對美軍的預測出現三百六十度的轉彎：「我們是可以戰勝美國人的，美國軍隊的戰鬥力，比起蔣介石某些能戰的軍隊還要差些。」他強令發起新的戰役，進軍三八線以南，「全殲敵人，全部解放朝鮮。」

這是一個不可能達成的戰略目標。在作為「最後的戰役」的第五次戰役中，頭七天內，志願軍就損失七萬人，平均每天一萬人。五月十六日，志願軍以二十一個師加上六個北朝鮮師在東線發動攻擊，僅四天內，損兵折將便達到九萬人。五月十八日，美軍開始總反攻，志願軍防線崩潰，在五月最後兩週內，就有一萬七千人被俘。

志願軍總司令彭德懷冷酷無情，使用人海戰術，將國民黨降軍作為砲灰消耗掉。參與韓戰的美國老兵們回憶，中國士兵用身體擋子彈，在許多屍體身上都發現大麻，是用來壯膽的。「缺武器的中共軍，往往是前面一個帶槍的，後面跟著十個沒槍的，前面的人倒下，後面的人就撿起武器。他們像是被催眠一般向前衝鋒，他們的邏輯是：你們的槍終究要熄火，因為一直開槍會發熱，子彈會散開。」

一名美軍下士回憶，小小山頭上到處都是死亡的中國士兵，好像是空襲和砲擊炸死的，屍首不全，肢體四散。但根據鐵青的膚色和無血的肢體推斷，很多身著薄衣、薄褲、單鞋的士兵，早在空襲和砲擊前就已被凍死，有些屍體是三三兩兩抱在一起取暖。根據中國軍事科學院編的《抗美援朝戰爭史》記載，第二十七軍第八十師第二四〇團第五連衝鋒時，受到敵火壓制，全連呈戰鬥隊形臥倒在雪地，全部凍死。

▲ 長津湖戰役時的氣溫低至攝氏零下 30 度，中國士兵只穿著單薄衣褲，很多人在砲擊前就已先凍死。（圖片來源：維基共享資源公有領域。）

在長津湖戰役中，共軍第九兵團突襲美軍陸戰第一師並分割包圍，但卻無法將之殲滅，反被美軍大量殺傷，減員近九萬人。如此慘烈且草菅人命的戰役，七十年後卻被拍成主旋律大片《長津湖》——習近平希望弘揚「長津湖精神」，掀起新一輪軍國主義思潮。官方嚴禁任何批評這部電影的意見，資深新聞人羅昌平在微博上，將「冰雕連」（按：指長津湖戰役中凍死的三個連）稱為廣東話中帶粗口意味的「沙雕連」，以侵害英雄烈士名譽和榮譽罪被捕並判刑七個月。

犧牲唯一兒子，換來白忙一場

中國沒有在韓戰中獲勝，反而是付出百萬軍人戰死的巨大代價，扶植了一個時常反咬自己一口的北韓金氏獨裁王朝，自身的經濟發展延宕三十多年，毛澤東自己也失去唯一能接班的兒子。一九五〇年十一月二十五日，送到志願軍司令部鍍金的毛岸英擅自離開防空洞吃蛋炒飯，被聯合國軍飛行員扔下的炸彈炸死。

有中國民眾將這天稱為「蛋炒飯日」或「中國感恩節」，因為「寒戰（韓戰）最大成果就是蛋炒飯，感謝蛋炒飯！沒有蛋炒飯，我們（中國）就跟曹縣（北朝鮮）一樣沒區別。當然，可悲的是現在也區別不大。」發表這一言論的網民被拘留十天。

學者盛慕真指出，毛澤東的收穫在別處：他透過韓戰建構了「東方列寧」的形象，雖然實際政治權力在國外並未擴張——他在史達林面前仍卑躬屈膝，也不能命令金日成去做任何事情，但這一「東方列寧」的形象，對於鞏固黨內和國內的實際權力價值無比。這是為什麼他把解放臺灣和國內建設暫時放在一邊，而支持金日成武力統一朝鮮的戰爭行動。

毛澤東的戰略目標並未實現，但中共中央在一九五一年七月三日發布有關朝鮮和平談判的指示，欲蓋彌彰的指出，抗美援朝已取勝，不僅保衛了北朝鮮和中國的安全，也迫使美國放棄其原來的侵略目標（美方從來沒有「侵略目標」），承認中國人民的力量，美方主動提出停戰談判，「我方取得了政治主動」，如此等等。這充分說明：「宣傳是維護和加強超凡權威必不可少的工具。歷史是可以打扮的；在超凡權威政體下，歷史必須被打扮。」

韓戰結束後，南北韓分界線又回到戰前的三八線上，北韓及中國一無所獲。中國在戰術和戰略上都一敗塗地，而美國實現了捍衛三八線的戰略目標。維持戰前的南北分治狀態、打一場「有限戰爭」，是民主黨杜魯門（Harry S. Truman）政府及共和黨艾森豪政府共同的戰略目標。唯有麥克阿瑟的戰略目標是順勢消滅北韓獨裁政權、達成南北韓統一，也正是其戰略目標與美國政府相悖而被免職。

勝利一方是美國為首的聯合國軍，正如自由亞洲電臺（Radio Free Asia，縮寫RFA）韓戰專題中所說：「聯合國軍在韓戰中絕對沒有失敗。因為組成聯合國軍的初衷就是保衛遭到侵略的大韓民國。在韓戰中，聯合國軍出色的完成了這個任務。」

「而與這一點相反的是，共產極權陣營在發動韓戰時，統一朝鮮半島、將整個朝鮮半島納入金氏政權統治的企圖，卻沒能藉由韓戰實現。從這一點來看，儘管共產極權陣營反覆強調他們在韓戰中獲得了勝利，但實際上他們才是真正失敗的一方。那張展示著韓國和朝鮮夜晚燈火對比的圖片，就最直接的向世人述說了韓戰的意義：在韓戰中犧牲的自由世界軍人沒有白白死去，他們在朝鮮半島上抗擊了極權主義勢力的擴張，挽救了一個國家的自由、繁榮與文明。這就是韓戰最大的意義所在。」

毫無疑問，這場戰爭，中共在戰術上和戰略上都完敗。

2 中印邊境戰爭：贏了面子，輸了裡子

一九六二年十月二十日，中印邊境戰爭爆發。中國軍隊從邊境東西兩處同時發起進攻，軍力是印度守軍的五至十倍。在三十二天戰爭中，中國軍隊擊潰了缺乏準備的印度守軍，全殲印軍三個旅，重創三個旅，擊斃印軍第六十二旅旅長霍希爾．辛格准將（Hoshiar Singh）以下四千八百多人（印方數據為三千七百七十人），俘虜印軍第七旅旅長達爾維准將（John Dalvi）以下三千九百餘人。中國方面陣亡七百餘人，受傷人數約一千餘人，無人被俘。中印陣亡比例約為一比七，戰果震驚世界。

中國政府聲稱，是當時印度總理尼赫魯（Pandit Jawaharlal Nehru）的「前進策略」侵犯中國領土，才招致中國的軍事懲罰。但實際上，在尼赫魯提出前進策略前一年，中國就已派遣特務潛入印度境內，蒐集關於印度軍事作戰序列、地形地勢特徵以

及軍事戰略等情報。可見中國的入侵行為蓄謀已久。

打勝仗還撤軍，毛澤東在想什麼？

印度從未準備好面對戰爭。戰敗後，印度政府在《亨德森報告》（*Henderson Brooks-Bhagat report*）中承認，印度在政治與軍事上天真糊塗，缺乏計畫與控制。德國全球與區域研究所亞洲問題專家貝茨（Joachim Betz）指出，印方軍事裝備太差，且戰地地形對中國更有利——印度一方處於低地，必須爬上山頂才能進入戰區，而中國軍隊則可以從高處展開行動。

中國大獲全勝之後，毛澤東卻下令全線後撤，並盡快將幾千名印軍俘虜送回印度，也將坦克與武器等戰利品物歸原主。中國僅占據西段環境惡劣的阿克賽欽地區（面積約三萬平方公里），那是連接中國新疆和西藏的戰略走廊；卻放棄了東段富饒的藏南地區（印度稱之為「東北邊境特區」，面積約九萬平方公里）。印軍重新占領藏南地區後，加緊移民，如今該地區已有一百多萬名印度居民。一九七二年，印度將東北邊境特區改為「阿魯納查中央直轄區」；一九八六年，印度議會通過立法，將該直轄區升格為邦，次年正式宣布成立「阿魯納查邦」。

當時，中國國內即存在著質疑撤軍的聲音。《一九六二年對印自衛反擊戰爭》一書寫道：「不要這片土地，軍人想不通，老百姓也想不通。……這是我們的領土，為什麼還要撤？」原西藏林芝軍分區司令員王克忠說：「（藏南地區）那可是個好地方啊，比這邊還好。指望談判是根本談不回來了……老頭子（指毛澤東）在這失策了。」原西藏林芝軍分區政委閻士貴說得更尖銳：「可惜了這片土地，現在想拿回來不容易了……後人要罵我們還不如清朝的最後一個駐藏大臣趙爾豐！」

中國作家金輝在《西藏墨脫的誘惑》一書中評價中印邊境戰爭說：「勝利者除了沒有失敗的名義，具備了失敗者的一切；失敗者除了沒有勝利的名義，卻得到了勝利者的一切。」也就是說，從表面看來中方大勝、印方大敗，但實際結果卻是印方大勝、中方大敗。這個判斷頗有道理：中國在戰術上勝利了，卻在戰略上失敗了。其一，經此一役，印度成為中國永遠的敵人；其二，中國在發展中國家的正面形象損失殆盡，同時與美蘇兩大集團為敵；第三，中國國內極左政策更肆無忌憚。

又是因為大饑荒，打完韓戰打印度

在國際社會，中國普遍被視為侵略者。周恩來在對外講話中聲稱：「有三十三個國家是支持中國，或者同情中國，或者守中立的。」他故意將支持者、同情者和中立者混淆起來，實際上，公開支持中國的只有北越（越共後來跟中國鬧翻）和北韓，就連印度的宿敵巴基斯坦，一開始都因與中國有邊界爭端，而試圖與印度聯手對抗中國，是被印度拒絕後才倒向中國這邊。

南斯拉夫領導人狄托（Josip Broz Tito）也公開譴責中國說：「中印兩國的劃界工作，在本世紀初就已經以眾所周知的麥克馬洪線（按：英國探險家為印度測量時，於英屬印度和西藏邊境劃的一條分界線，以英國外交官亨利．麥克馬洪爵士〔Sir Henry McMahon〕命名）形式完成了。中國卻企圖用武力修改與印度的邊界，這是對印度的侵略。」非洲小國烏干達宣稱，這場戰爭使很多小國不再支持中國，改為加入聯合國。周恩來承認，「公開支持印度的有五十個國家。」卻自欺欺人的表示，「三十三對五十」，說明中國「並不孤立。」

毛澤東撤軍並非心存善意，關鍵原因乃是美蘇兩大強權意外的同時支持印度，嚴厲譴責中國的戰爭行為，並向印度提供武器、物資援助。一九六〇年五月至一九六二年五月間，蘇聯供給印度飛機九十四架，還援助山地作戰的被服、帳篷。美國總統甘迺迪在給尼赫魯的親筆信中承諾：「美國承認麥克馬洪線，並向印度提供十億美元援助。」十一月四日，美國運輸機降落在加爾各答機場，陸軍准將福爾曼親自打開艙門，裡面全是美國援助的重型武器。中國的軍事實力凌駕於印度之上，但還不至於認為自己有能力同時對抗美蘇兩大強權，只好灰頭土臉的撤軍。

與出兵朝鮮半島一樣，侵略印度並不符合中國的國家利益，而是毛澤東獨斷專行的結果。瑞典學者柏提爾・林納（Bertil Lintner）在《中國的印度戰爭》（*China's India War: Collision Course on the Roof of the World*）一書中指出，任何嚴肅的觀察家與分析師都很清楚，邊界爭議不過是發動一九六二年戰爭的藉口。毛澤東發動這場戰爭，很大程度上是為了轉移中國人民對大饑荒的不滿。「毛澤東很可能決定透過西藏議題與印度邊界爭議，強化自己在黨與國家中被動搖的地位。」

林納再指出，一九六二年是毛澤東政治上的轉捩點。他清洗（按：整肅，源於蘇聯肅反運動，亦稱為「大清洗」）彭德懷之後，任命林彪指揮對印度的戰爭。一場勝仗對毛澤東及其支持者來說，有如天賜大禮，他重新掌握黨與國家的大權，黨內任何反對聲音都遭清算，其極左派路線獲得絕對支持。那些為這場戰爭歡呼的人們，此後十多年裡，大多成為了毛澤東政治運動的犧牲品。

想當世界革命領袖，反而促成美印同盟

在鞏固國內權力之後，毛澤東的視野與野心再次越過中國邊界，他不只想做中國的領導人，也希望成為世界所有革命運動的領袖。毛澤東與中國的世界觀，和尼赫魯的不結盟主義、不涉入他國內政的理想完全不同，他藉由這場小規模的戰爭，摧毀了尼赫魯作為不結盟世界道德領袖的地位。在喜馬拉雅山區戰場的餘燼中，誕生出一個更好戰的中國。

中國社會科學院研究員王宏偉宣稱：「中國必須展現優於印度的軍力，而一九六二年即達成此目的。印度從未由此潰敗中恢復，尼赫魯本人在一九六四年死於沮喪

之中。而中國在毛澤東的領導下，成為多數第三世界革命者的標竿。」可見，中國發動的戰爭都有意識形態動機——為了展現面對敵國的軍事優勢，以及對社會主義同志的團結支持，至於對國際疆界的尊重與否，從不在其考慮之列。在此框架下，才能理解毛澤東的出兵和撤軍的原因。

印度輸掉了這場「天堂門口的戰爭」，大大刺激了民族自尊和憂患意識，從此大力推動軍事現代化。印度智庫「觀察者研究基金會」客座研究員利達雷夫（Ivan Lidarev）表示，此戰使中印雙方走向永久敵對的狀態，且中國藉由戰勝的優越感，不斷加劇緊張局勢來施壓印度。印度放棄不結盟政策，向美國和西方靠攏，成為美國「印太戰略」的中流砥柱。

但中印戰爭仍未畫上句號。一九六七年，兩國在乃堆拉—卓拉山口發生衝突，各有傷亡。有學者認為，在這次衝突中，「印軍使用美國援助，擊退中方部隊，達成『戰術性勝利』。」一九七五年十月二十日，中國軍隊襲擊印軍邊境巡邏隊，造成印方四名官兵死亡——這是兩國在邊境衝突中最後一次開槍。一九八七年，兩國在邊境再度發生衝突，差點導致開戰。

二〇二〇年五月上旬，中印又一次發生邊界衝突。《印度快報》（*The Indian Express*）報導，中國士兵在三個地方「越過實際控制線（按：中國和印度當前實際控制地區的分界線，但兩國對於其確切位置並未達成共識）」，每一處都有近千名中國士兵越境進入印度一側。當晚七點，兩國士兵發生長達七個小時的肉搏戰，根據一名印度高級軍官向ＢＢＣ提供的照片，中國士兵使用狀似狼牙棒的帶刺鐵棍。印度政府發言人證實，印度軍人死亡二十人。半年多後，中國《解放軍報》才披露，中國有四名軍人陣亡。

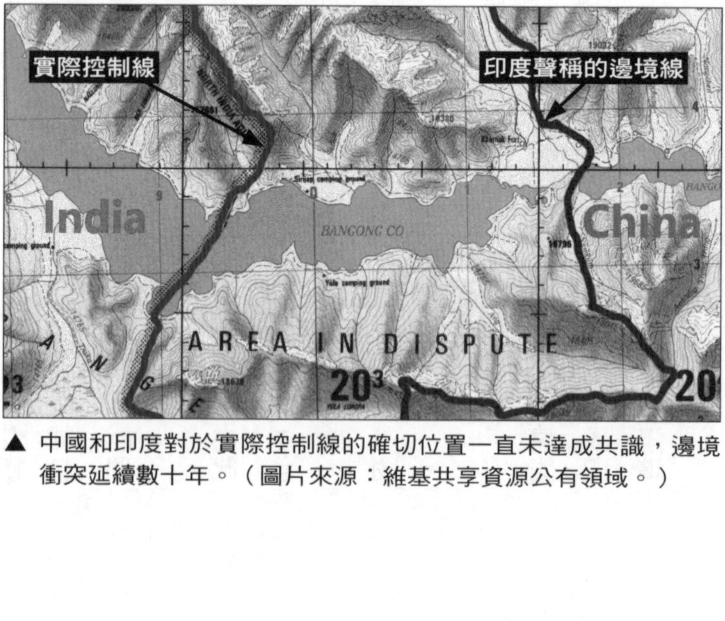

▲ 中國和印度對於實際控制線的確切位置一直未達成共識，邊境衝突延續數十年。（圖片來源：維基共享資源公有領域。）

美國「布魯金斯學會」研究員馬丹（Tanvi Madan）指出，許多印度人認為，中國挑起邊界衝突的做法如同「切香腸」，就像中國在南海有爭議的小島上，建立軍事基地的「珍珠鏈戰略」一樣。新德里智庫「觀察者研究基金會」主席薩米爾‧薩蘭（Samir Saran）說，如果印度不站出來反抗中國，北京可能會得寸進尺，繼續要求更多爭議領土。「你不能向強大的敵人投降。」他說：「中國必然要為它的行為付出代價。印度可能不得不為一系列有限的小衝突或偶發衝突做好準備。也許這就是我們的區域新常態。」

3

中蘇珍寶島衝突：爭個小島，丟大片土地

一九六九年三月二日、十五日及十七日，在蘇聯稱為達曼斯基島、中國稱為珍寶島的小島，上演了一場改變遊戲規則的武裝衝突。這場武裝衝突，一度把中國和世界推向核戰邊緣，催生了中美關係改善，改變了國際政治格局。這個面積不足一平方公里的小島，成為冷戰時期的標誌。

三月二日，三百多名身穿白色防寒服、潛伏在雪地裡的中國士兵，伏擊殺死了三十二名名蘇聯邊防軍。這是大膽的挑釁之舉。事件發生後，中國外交部發表聲明，譴責蘇聯軍隊入侵中國領土。中國官方對珍寶島之戰的定位是「自衛戰爭」，即是蘇聯侵犯中國領土，迫使中國邊防軍英勇抵禦，而引發流血衝突，因此責任落在蘇方。但蘇聯指責中國先挑釁，才發動邊境衝突。

中俄邊界變遷可追溯到十七世紀簽訂的《尼布楚條約》（*Treaty of Nerchinsk*）。十九世紀中葉，沙俄迫使清廷簽訂《璦琿條約》和《北京條約》，掠取黑龍江以北、烏蘇里江以東的一百多萬平方公里土地。珍寶島在烏蘇里江內，按照國際界河（按：國與國之間的界河）是以主航道來決定國界，應屬於中國，但該島長期處於蘇聯控制之下。中共建政後即向蘇聯「一邊倒」，從未抗議過蘇聯占領該島，直到兩國交惡後，才提出就邊界問題展開談判。

莫名挑釁蘇聯，差點換來「外科手術式核打擊」

一九六四年二月，中蘇邊界談判達成主航道共識，即珍寶島應屬中方。但同年七月，毛澤東會見日本社會黨代表時說，中國一百多萬平方公里的失地不用索還了，但蘇聯要就過去的侵略行為道歉。蘇聯領導人赫魯雪夫認為這是侮辱，便終止了談判。

珍寶島荒涼無人煙，既沒有多少經濟利益，也沒有什麼戰略價值，毛澤東選擇這裡來挑釁蘇聯，實在匪夷所思。蘇聯邊防軍只是例行巡邏，並無坦克隨行，卻遭遇突襲，全軍覆沒，死狀極慘。蘇聯解體後公布的驗屍報告寫道：「幾乎所有屍體都有被利刃或鈍器嚴重割傷，而造成致命傷與重傷的痕跡。有十九人在被子彈或榴彈打到後，還被刺刀、槍托或近距離發射的子彈胡亂攻擊致死。」有一個名叫阿克洛夫的傷兵被中國人掠走，兩個月後，其滿是拷問傷痕的屍體被送回，「全身骨頭碎裂，心臟、生殖器

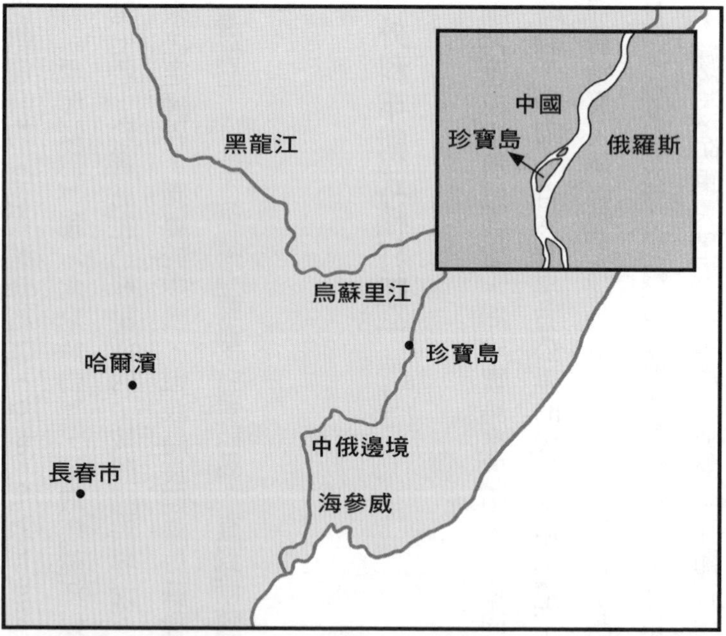

▲ 珍寶島荒涼無人煙，沒有經濟利益和戰略價值，中國以此處挑釁蘇聯，實在匪夷所思。

都沒有了，身上有大量因刺刀造成的傷痕。」

兩週後，戰事再起。蘇聯部署坦克，並用「冰雹」火箭砲轟炸中方陣地，宣稱擊斃數百名中國士兵。曾任伊曼邊防總隊隊長的蘇軍退役上校康斯坦丁諾夫回憶說，由於中國人占有明顯優勢，達曼斯基島久攻不下。要想取得成功只有使用火砲，但這就意味著使衝突升級。

等待多日，前線才收到莫斯科的命令，可使用「冰雹」打擊敵人。「冰雹」在當時尚屬「祕密武器」，據說下達使用「冰雹」攻擊命令的，是最高領導人勃列日涅夫（Leonid Il'ich Brézhnev）。原蘇軍一九九團團長、退役上校克魯別依尼科夫回憶說：「一個冰雹營和一個裝備一二二公厘榴彈砲的團，對該島及對岸五至六公里縱深進行猛烈打擊。隨後，駐紮在上烏金斯克（現為烏蘭烏德）的一個摩步（摩托化步兵）營參與作戰，該營有很多人尚不滿二十歲，在這次戰鬥中有七人死亡、九人受傷，四輛裝甲車被擊毀。最後中國人放棄了該島。一開始，是由一三五摩步師負責該島的防禦，直到四月，局勢逐步穩定下來後，才又重新交給格別烏（按：俄羅斯聯邦內務人民委員部國家政治保衛局的別稱）管轄的邊防軍防守。一直到那年的九月，那裡仍能聽到槍聲，還有人員傷亡。」

日本學者石井明考證，這場邊境衝突中，蘇聯有五十八人死亡，中國有六十八人死亡，「由死亡人數來看，雙方不分勝負。」但中國官方聲稱打贏了珍寶島自衛反擊戰，石井明評論說：「從毛澤東的角度來看，短期作戰打擊了蘇聯，並在『反蘇』的高漲情緒中召開黨大會，成功的強化了自身體制。」

中蘇衝突也發生在其他邊境地區。八月二日，蘇聯邊防軍在新疆鐵列克提邊界附近遇襲。八月十三日，蘇軍動用兩架直升機、數十輛坦克裝甲車及三百餘名步兵，伏擊中國一個邊防巡邏隊，擊殺中國官兵三十八人，「以其人之道還治其人之身。」日本學者認為這是格別烏的成功復仇。

珍寶島衝突爆發後，蘇聯領導階層反應十分強烈。以蘇聯國防部長格列奇科（Andrei Antonovich Grechko）、副部長崔可夫（Vasily Chuikov）等人為首的軍方強硬派，主張「一勞永逸的消除中國威脅」，準備動用在遠東地區的中程彈道導彈，攜帶當量幾百萬噸級的核彈頭，對中國的軍事政治等重要目標實施「外科手術式核打擊」（按：使用十分精準的導彈摧毀目標物，效果如同外科手術切除般精確乾淨）。

八月二十日，蘇聯駐美大使多勃雷寧（Anatoly Dobrynin）奉命緊急約見美國總統安全顧問季辛吉（Henry Kissinger），向其通報蘇聯意圖對中國發動核打擊，徵求美方意見。蘇聯的意圖非常明顯：在中美關係當時也很尖銳的情況下，如果蘇聯動手，希望美國保持中立。

主張建立反蘇聯戰線，美國掉入毛澤東陷阱

尼克森與季辛吉等高級官員緊急磋商後認為，西方的最大威脅來自蘇聯，存在一個強大的中國，符合西方的戰略利益。只要美國反對，蘇聯就不敢輕易對中國動用核武器。然而此立場是美國百年來最大的戰略誤判——實際上，中國是比蘇聯更危險的敵人。美國幫助中國逃過一劫，中國毫無感恩之心，此後數十年，一直將美國當成最大的敵人。

美方將蘇聯的意圖轉告中國，毛澤東聽取周恩來的彙報後說：「不就是要打核大戰嘛！原子彈很厲害，但鄙人不怕。」同時提出「深挖洞、廣積糧、不稱霸」的方

針，全國很快進入「要準備打仗」的臨戰態勢。九月二十日至二十九日，北京召開全軍戰備會議。三十日晚，林彪對與蘇聯接壤的「三北」（東北、華北、西北）的陸海空軍部隊下令，從當晚進入備戰狀態。十月中旬，毛澤東建議將元老們疏散到外地。十月十七日晚九點半，林彪向全軍發布備戰命令，即是「一號命令」，要求全軍疏散隱蔽重型武器，加強戒備，加速生產四〇火箭筒、反坦克砲等。隨後，中共將大量軍工企業轉移到西南省分交通閉塞的山區，也就是勞民傷財的「三線建設」；亦實行「山、散、洞」配置，在北京等大城市開挖地下工事。

正是出於對蘇聯的恐懼，毛澤東向美國拋出橄欖枝，透過美國左派記者史諾（Edgar Snow）邀請尼克森訪問北京。毛澤東反覆說：「好！尼克森好！」、「世界第一個好人！」並提議建立一條反對蘇聯的統一戰線——他稱之為「一條橫線」，這條線讓美、日、中、巴基斯坦、伊朗、土耳其和西歐結成準聯盟，旨在挫敗莫斯科的全球野心。

尼克森決定採納季辛吉的「大三角」戰略，聯合中國遏制蘇聯。一九七二年二月，尼克森對北京的歷史性訪問，踏進了毛澤東的陷阱——對毛澤東來說，這次訪問的重點是讓尼克森知道，在對抗蘇聯的冷戰中，中國不可或缺。毛澤東認為，比起中國需要美國，美國更需要中國，正如一九七五年中國高級將領耿飈（後出任國防部長，習近平曾任其祕書）在一次內部會議上所說，「美帝也利用我們和蘇修（按：蘇聯修正主義，中國認為蘇聯背棄了馬列主義正統，奉行修正主義路線）的矛盾，對付蘇修，他們想利用我們但利用不到，而我們可以利用他。」

一九九一年，中國領導人江澤民與蘇聯領導人戈巴契夫（Mikhail

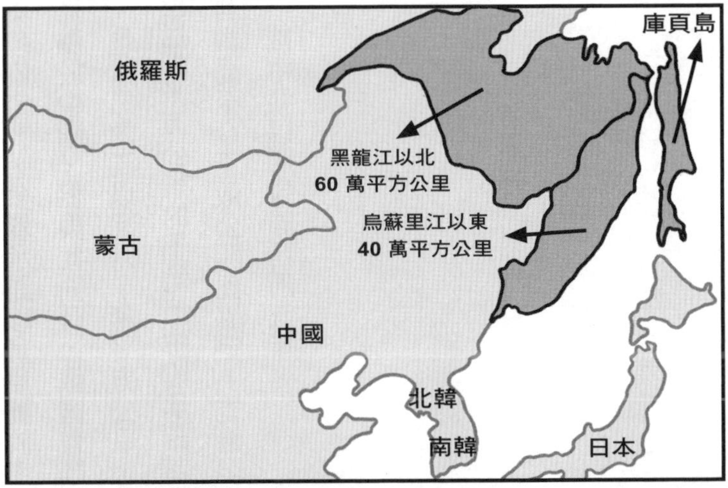

▲ 中俄邊境爭議領土包括黑龍江以北 60 萬平方公里、烏蘇里江以東 40 萬平方公里及庫頁島，共超過百萬平方公里，中國皆承認歸俄方所有。

Sergeyevich Gorbachyov）簽訂《中蘇國界東段協定》，蘇聯承認珍寶島屬於中國。蘇聯解體後，俄羅斯繼承該協議，承認珍寶島屬於中國，但與此同時，俄國曾經以《璦琿條約》及《北京條約》蠶食的中國領土，包括黑龍江以北六十萬平方公里、烏蘇里江以東四十萬平方公里及庫頁島，共超過百萬平方公里的土地，中國承認歸俄方所有。一進一出，中國實則虧大了，然而中共當局至今不敢公開此協定。香港記者程翔因蒐集《中俄邊界東段補充協定》的資料，被中共以間諜罪判刑五年。

4

中越戰爭：搭上美國便車的投名狀

一九七九年二月十七日凌晨，集結在雲南和廣西的解放軍，對越北毗鄰中國的地區發動地毯式砲擊，越南的重要城鎮包括老街、芒街、諒山、孟康和高平等地，受到致命打擊。砲擊後不久，二十萬中國軍隊在二十六個缺口越過邊界殺進越南，整個戰線長達一千兩百公里，呈扇形深入越南約二十公里的區域，不到兩天即占領十一個越南邊境市鎮。

當時，前線指戰員下令，凡接近中國軍隊者，不論老弱婦孺皆視為敵人一概射殺。倖存的越南婦女黃氏仍清楚記得，當天清晨，居住在高平的全家在驚慌中醒來，大批中國軍隊在猛烈砲火轟擊後，從幾處向越北發動攻擊。有人告訴他們往南跑，於是全家冒著砲火逃難，跑到安全地帶。十八天後，從同一地區撤退的中國士兵，砍死了四十三名越南平民，其中大部分是婦女和兒童。

戰爭之初，越南慘敗。越南領導層沒有料到中國會大規模入侵，且過於相信蘇聯的安全承諾，因此越軍有約二十萬精銳陷在柬埔寨，無暇北顧。當時北部只有戰力不強的地方部隊，和臨時組織的民兵共十萬人，此外有五個正規師呈扇形保衛河內。

開打一個月就撤軍，兩塊國土畫歸越南

於此之前，越南在對抗法國和美國時，得到中國大力援助，但越南南北統一後卻倒向蘇聯，使得中國非常憤怒；越南允許蘇聯在金蘭灣建造海軍基地，讓中國備感威脅；越南出兵推翻中國支持的柬埔寨紅色高棉政權，更讓中國視越南為東南亞的「小霸權」。

毛澤東死後，剛剛東山再起的鄧小平決定對越南開戰，並在訪美時正式通報美方，以此作為給美國的投名狀——中國幫助美國一洗越戰敗北的恥辱，美國必然支持中國的改革開放。同時，鄧小平藉機從軍委主席華國鋒手中奪取軍隊的指揮權，清洗

軍隊中支持華國鋒的將領。中國官方宣稱的戰爭名義，如越南侵犯中國領土、越南實行排華政策等，都是藉口（紅色高棉屠殺數萬柬埔寨華人，中國無動於衷）。

戰爭第一階段，北京宣稱，雲南、廣西邊防部隊殲滅了以高平、老街兩地區為據點的越軍，卻掩蓋了中國軍隊傷亡慘重的真相——僅開戰的頭兩天，陣亡人數就達四千餘人。

當時中國軍隊剛經過文革浩劫，很多專業素質較強的指揮官被清洗，單兵素質差，指揮官整合指揮能力低下，武器裝備落後，整體作戰能力並不強。而且，中國產的坦克品質很差，越軍輕易就能摧毀；砲兵發射的砲彈也時常不會爆炸，有的砲兵部隊在戰爭第一天所發的砲彈，比過去二十年還多。

而越軍剛打過越美戰爭，作戰經驗豐富，使用從南越繳獲的美軍裝備、蘇聯援助的裝備，及過去中國支援的裝備。越軍士兵普遍裝備ＡＫ衝鋒槍，中國士兵還在用五六式半自動步槍，還有戰士連鋼盔都沒有。越軍以游擊方式對抗強敵，邊界的山脈地形有利於防守，中國軍隊無法如預期迅速攻克高平省。

一個月後，鄧小平突然宣布從越南撤軍。與當年中國從印度撤軍一樣，此時中國軍隊已是強弩之末，後勤跟不上，火砲支援達到極限，前線官兵無力再戰。

在撤軍過程中，中國軍隊大肆屠殺越南平民，掠奪物資，拆走越南工廠的設備，破壞城鎮和農村的基礎設施。越南軍民則奮起擊殺退卻的中國軍隊，其中解放軍第一五〇師在一道峽谷中迷失方向，結果被越軍圍攻，近千人戰死，被俘者多達兩百零二人。

後來有解放軍老將嘆息說：「朝鮮戰爭有一八〇師，越南戰爭有一五〇師。」在朝鮮戰爭中，一八〇師幾乎被全殲，被俘五千人；在越南戰爭中，一五〇師損失慘重，該師番號被取消。

中越戰爭主要戰役只打了一個月，但兩國在邊界的武裝衝突，一直持續至一九九〇年二月。一九八四年四月，還爆發激烈的老山與者陰山爭奪戰，又稱「兩山戰役」或「兩山輪戰」（中國輪流調換各軍區精銳部隊到前線歷練），雙方都有巨大傷亡。諷刺的是，一九九九年，江澤民簽字將雲南老山和廣西法卡山劃歸越南，自此中國陣亡將士屍骨永葬於異國他鄉。

想給越南一場教訓，結果自身得到教訓

迄今為止，中越雙方的參與人數、死傷人數仍是個謎。據ＢＢＣ報導，各國學者有不同數據。軍事史學家彼得・G・曹拉斯（Peter G. Tsouras）認為，中國動員了二十萬大軍、四百輛戰車和一千五百門大砲。中國公布死亡人數為七千人，受傷人數為一萬五千人，但真實的死亡人數可能高達兩萬八千人，受傷人數為四萬三千人。越南沒有公布軍隊傷亡人數，只說有十萬平民被殺害。

韓國淑明女子大學余銀淑教授認為，中國和越南的死亡人數分別為兩萬六千人和三萬人，受傷人數分別為三萬七千人和三萬兩千人。中國的傷亡比預期慘重，如此結果可能是因為越南有超過二十五年的實戰經驗，而中國軍隊缺乏現代戰爭的經驗，作戰準備也不足。

日本學者石井明走訪中越邊境一些烈士陵園後，得出的統計數據是：廣西方面死者有六千七百六十一人，雲南方面四千五百九十八人，總計一萬一千三百五十九人。不過有相當一部分死者的骨灰已送回家鄉安葬，所以真實的死亡數字必定更高。

越南歷史學者陳友輝在〈一九七九年捍衛祖國北部邊界戰爭：勝利和歷史教訓〉一文中稱，中國軍隊憑藉人員和武器裝備上的優勢（步兵是越南的三・五倍、砲兵是五・七倍、坦克和裝甲車是九・八倍），迅速粉碎越南邊界防禦系統，攻入越南境內。但越南軍民在北部邊界一個月的保衛戰中，共造成中國軍隊六・二五萬人傷亡，擊毀軍車五百五十輛，迫使對方撤軍，重挫中國執政者在印度支那半島強加大國利益的陰謀。

美國空軍戰爭學院張曉明博士在《鄧小平的持久戰：一九七九年至一九九一年中越軍事衝突》（*Deng Xiaoping's Long War: The Military Conflict Between China and Vietnam, 1979-1991*，暫譯）一書中指出，中國公開聲稱，這場戰爭是為了給越南一場「教訓」。如果說「懲罰」是一個目標，那麼中國在這場短暫的戰爭中傷亡慘重，意味著它未能「教訓」越南。

張曉明也指出，然而鄧小平透過這場戰爭，實現了隱而未現的目標，包括：在中國國內，鞏固其政治權力，得以實施經濟改革議程。在國際上贏得美國的信任，得到美國的資金和技術，搭上美國的順風車，帶來此後三十多年中國經濟的高速發展。在軍事領域上，解放軍全面評估其在戰爭中的表現後，總結出幾大經驗教訓，包括缺乏情報；因為大批越南民兵部隊參戰，使得中國軍隊未能發揮大部隊優勢；各兵種的協同合作能力很差；指揮方式過時；後勤支援系統薄弱；沒有軍銜制度，使得戰場上的官兵無所適從等。

而所有這些經驗教訓，也證實了鄧小平的擔心：解放軍在未來現代戰爭中，將暴露出無能和不足。於是，解放軍開始改革，旨在提高其能力，應對一場更大規模的現代戰爭。

5

四次對外戰爭的六條規律

中共建政之後發動的四場戰爭，全都師出無名，且虎頭蛇尾。從中可總結出六個重要規律，用來分析中國未來發動的侵臺戰爭。

利用戰爭鞏固領袖地位

第一，這四場戰爭，表面上的理由是保家衛國、捍衛領土，但在狂熱民族主義口號背後，卻隱藏著卑劣的動機：獨裁黨和獨裁者（毛澤東、鄧小平）鞏固國內權力，轉移國內矛盾，完成個人集權，且對外輸出革命（意識形態）、樹立國際強權。因在前線作戰受挫且遭遇國際社會的譴責，往往未達到表面上的戰爭目標，即單方面停戰、撤兵，但每一場戰爭卻都鞏固了中共及其領袖的暴政。

比如韓戰，在一定程度上是為了鞏固國內政局，持續戰爭狀態，鎮壓國內反對力量。中國出兵朝鮮後，毛澤東對公安部長羅瑞卿說：「你們不要浪費了這個時機，鎮壓反革命恐怕只有這一次，以後就不會有了。千載難逢，你們要好好運用這個資本。」他的副手劉少奇說得更赤裸裸：「抗美援朝很有好處，讓很多事情都好辦。因為抗美援朝的鑼鼓響起來，響得很厲害，就聽不太到土改、鎮反的鑼鼓，就好搞了。如果抗美援朝的鑼鼓沒有那麼響，土改（和鎮反）的鑼鼓就會不得了了。這裡打死一個地主，那裡也打了一個，到處鬧，很多事情不好辦。」

中國發動對外戰爭，根源還是在內政上。未來中共若侵犯臺灣，也會有彼此分裂的表面理由和背後動機。

以自衛之名的侵略

第二，中國領導人和宣傳機構，將每一次侵略戰爭都正當化為「自衛」，同時將受害者妖魔化為加害者，從而推卸戰爭責任、美化侵略戰爭，這種做法與希特勒及其宣傳部長戈培爾（Joseph Goebbels）如出一轍。

中國當初入侵印度時發動了宣傳戰，瑞典學者林納分析說：「中國的態度一向認定自己是對的，任何挑戰中國說法的企圖，都會被視為『挑釁』。不論出於任何原因，只要不為中國所喜的條約，都視為『不平等』，因此也不會遵守。中國從未控制或統治印度東北任何區域，但今日卻如此宣稱，並在地圖上這樣標記。」

目前中國在南海的擴張也是如此，海牙國際海事法庭裁決，中國在南海的造島行動及主權主張是非法的，並否定中國的「九段線」主張（按：中國在南中國海聲明疆域的斷續線，共有九條）。中國前國務委員戴秉國則悍然表示，此裁決結果「不過是一張廢紙」、「就算美軍十個航空母艦戰鬥群都開進南海，也嚇不倒中國人。」菲律賓首席律師指出，北京恐成為國際性的「法外之徒」。美國國務院主管亞太局的副助理國務卿韋雷特在國會作證，美國無法接受中國以雙重標準、選擇性的接受《聯合國海洋法公約》內容。美國國防部負責南亞和東南亞事務的副助理部長希爾萊特（Amy Searight）亦指出：「我們必須口徑一致，大聲說這是國際法律，這極其重要，所有國家都必須恪遵。」

未來中國若對臺灣發動戰爭，必定會在文宣中稱，是臺獨勢力挑起戰爭，戰爭只針對少數臺獨分子，而非針對全部臺灣同胞。

信守偷襲戰術

第三，在四場戰爭中，中共全都採取「偷襲」戰術，或不宣而戰，或先出兵再宣戰，或以「志願軍」等掩耳盜鈴的名義發動戰爭。毛澤東出兵朝鮮，卻不敢對美國和聯合國軍宣戰：「去朝鮮是以志願軍的名義出現，穿朝鮮服裝，用朝鮮番號，打朝鮮人民軍的旗幟，主要幹部改用朝鮮名字。」

如果說日本偷襲珍珠港，是日本軍部在面對比之更強大的美國時孤注一擲、橫挑強敵，那麼偷襲更是中國發動戰爭的常態（不偷襲反倒是例外），即便中國面對比之弱小得多的敵人也是如此。由此可見，中國是一個前現代的流氓國家，沒有一點貴族、騎士和武士精神。

中國人迷戀詭詐的《孫子兵法》（甚至編造美國西點軍校學習《孫子兵法》的謊言），以瞞天過海、暗度陳倉為榮，認為只要能奪取輝煌的勝利，採取卑劣的手段亦在所不惜。中共發起的每一場戰爭，都不遵循現代文明慣例和國際法準則，未來若對臺動武，也必然採取偷襲手段，臺灣軍民各界一定要萬分警惕。

官兵都是「用完即丟」

第四，中共的統治階層將軍人當作砲灰，極度漠視軍人的生命、遺體、榮譽以及尊嚴。

在韓戰中，美國即便處在失利退卻的境況下，也絕不遺棄任何一名同袍的遺體。戰後數十年，美國始終沒有停止尋找陣亡士兵的遺骨，將此作為與北韓談判的重要議程。美國將回國的戰俘視為英雄，給予優渥的待遇。但中國士兵的遺體常常被隨意丟棄在戰場。活著回國的戰俘被當成叛徒和懦夫，在歷次政治運動中受盡羞辱。很多中國老兵淪為弱勢群體，維權上訪（按：以書信、電話、走訪等形式，向各級政府投訴請求）備受打壓。

中越戰爭四十週年之際，「中國人權民運信息中心」發布消息稱：「老兵們原定在廣西、湖南、廣東等地集會，但活動全部遭到公安阻撓。各地至少有兩百名老兵因維權被公安拘留。」

《紐約時報》在一篇報導中講述了越戰老兵之一滕興球的故事：十五年來，他一直要求地方政府提高其生活待遇，並堅持上訪，在接受法新社記者電話採訪後，即被公安拘留並遭毆打。在看守所裡，「通常是五、六個人打他，還會有七、八個人圍觀。」他被打得鼻血噴濺——老兵的遭遇，對新兵是很好的「教育」，中國軍人值得為這個邪惡政權浴血奮戰嗎？

無差別殺戮平民

第五，中共在戰爭中，通常不區分對方的作戰人員和平民，會無差別殺戮平民。

一九四九年八月十二日，各國政府全權代表出席在瑞士日內瓦舉行之外交會議，訂立《關於戰時保護平民之日內瓦公約》（*Geneva Convention relative to the protection of civilian persons in time of war*），也就是《日內瓦第四公約》。該公約的主要內容包括：「處於衝突一方權力下的敵方平民，應受到保護和人道待遇，包括准予安全離境，保障未被遣返的平民的基本權利等；禁止破壞不設防的城鎮、鄉村；禁止殺害、脅迫、虐待和驅逐和平居民；禁止採取使被保護人遭受身體痛苦或消滅的措施，包括謀殺、酷刑、體刑、殘傷肢體，及非為治療所必須的醫學或科學實驗等。」

一九五二年七月十三日，中國聲明承認該公約，一九五六年十二月二十八日交存批准書，次年六月二十八日該公約對中國生效。但中國從未遵守有關條款。美國自由亞洲電臺評論員寒山指出：「當中國軍隊侵入越南時，遭遇的正是毛澤東所提倡的『人民戰爭』，越南人不分男女老幼都是作戰人員。所以中國軍人也就把他們一概當作交戰士兵，格殺勿論，甚至到了見人就殺的地步。」越方主帥的武元甲揭露：「中國軍隊在諒山有殺害平民的行為。」

未來中國若入侵臺灣，即便平民不抵抗，也不會對平民有任何一絲一毫的仁慈，中共外交官及御用文人早已叫囂「留島不留人」、「血洗臺灣」、「將臺灣人送到新疆再教育營」了。

軍備越戰越難堪

第六，從四場戰爭中可看出，與軍事裝備和待遇的提升成反比，軍隊戰力不斷下降，中越戰爭時的中國軍隊戰力，居然不如韓戰時期。

戰力下降跟中國官兵的信仰與信念潰敗密切相關。「中國民兵」微信號曾發表一篇題為〈一張應徵青年不合格的體檢表暴露十大問題，應引發全民深思！〉的文章，列出解放軍潛在兵源不能達標的十大理由，其中二〇%的入伍申請者體重超重，八%的男性精索靜脈（睪丸靜脈）曲張不合格——文章將問題歸咎於長時間「葛優躺」（按：以中國演員葛優命名、癱在椅子上的坐姿）、久坐打電動、過度自慰、運動量少等原因。

二〇一四年，解放軍在內蒙古朱日和進行一場大規模實兵對抗軍事演習，來自七大軍區的七個被視為精銳部隊的「勁旅」，與軍方首支專扮敵方的藍軍旅實兵對抗，結果六支「紅軍」在演習中慘敗。習近平稱，解放軍目前的情況是「致命的」、「令人揪心！」

在俄羅斯國防部舉辦的二〇一六國際軍事比賽中，中國軍方代表隊頗為推崇的96B新型坦克一〇九車組，左側的第一個負重輪突然掉落，該坦克在射擊環節三發射擊全部脫靶。在二〇一四年五月的一次境外軍事演習中，經過兩天晝夜連續行軍兩百三十四公里後，中方有四十輛坦克先後「趴窩」（按：故障停機），最終僅能維修好十五輛。在演習中可看出，中國軍隊的素質遠低於俄羅斯軍隊，而俄羅斯軍隊在烏克蘭戰爭中的糟糕表現已有目共睹。

曾在解放軍中任大校（按：介於少將和上校之間的軍階）的羅宇，是中共開國大將羅瑞卿之子，他曾在一封給習近平的公開信中說，自一九八九年鄧小平下令軍隊鎮壓平民後，軍隊就沒有戰鬥力了，因為軍隊和黨都沒有信仰了，「中共軍隊已毫無戰力，腐敗成爛泥，習近平比誰都清楚。」因此，臺灣軍民不必過於畏懼中共軍隊，在美日等盟友支持下，臺灣完全可以擊敗共軍。

第六章

官場比戰場更重要的中國軍隊

中國人民解放軍處於中國共產黨的全面控制之下，其主要任務就是捍衛共產黨的政治壟斷地位。托洛斯基（Leon Trotsky）建立紅軍時創立的政委制度，在中國依然存在，解放軍軍官的任命和晉升，不僅取決於其專業資質，還取決於他們對中共的忠誠度，即使是低階軍官，在接受任命前，也要經過政治審查。

——美國政治學家　裴敏欣

1 解放軍得先打一場反腐戰爭

中國央視報導，二〇二二年十一月八日下午，習近平以中共中央總書記、國家主席、中央軍委主席、軍委聯指總指揮的身分，視察軍委聯合作戰指揮中心。習近平在講話中指出，這次視察是要表明新一屆軍委「全面加強練兵備戰的決心態度」。全軍要「全部精力向打仗聚焦」，努力建設「絕對忠誠、善謀打仗、指揮高效、敢打必勝」的戰略指揮機構。

習近平身穿一身野戰軍迷彩服，腳蹬高筒軍靴，與同樣身穿迷彩服的所有軍委委員一起露面，殺氣騰騰、耀武揚威。這不是他第一次身穿野戰軍迷彩服，但他確實是第一個身穿這種服裝的中共最高領導人。

此前，經歷多年戎馬生涯的毛澤東和鄧小平，會在一些重要場合刻意穿軍裝，以顯示對軍隊和大局的絕對掌控。比如，文革伊始，毛澤東在天安門城樓上接見百萬紅衛兵時，一身戎裝；鄧小平在一九七七年建軍五十年大會上身穿軍裝，表明已從華國鋒手中奪取最高權力。江澤民和胡錦濤這兩名與軍隊沒有太深淵源的黨魁，穿軍裝的時候少得多，多半是在一些禮儀場合。

習近平與軍方的關係並不深厚，他只是短暫當過國防部長耿飆的祕書。耿飆是葉劍英的嫡系，他曾對香港記者說，香港「回歸」後，解放軍不會進駐，結果遭到鄧小平痛斥，很快被撤換。習近平眼看在軍中發展無望，便轉到地方政府任職。多年之後，習近平執掌大權，迅速完成對舊軍委的清洗，清洗規模之大，超過此前任何時代。同時，習近平身穿不同制式軍裝視察各地駐軍的照片，也頻頻出現在官媒上。

習近平對臺海開戰的設定

《華爾街日報》指出，習近平將中國軍費提高到兩千億美元，約是臺灣同年度國防預算的十七倍。他同時致力於軍隊現代化與打造強大的核武庫，例如研製可攜核彈頭的超音速飛彈、核動力航空母艦，做好與美國等大國發生衝突的準備。二〇二三年，中共軍費預算編列達到人民幣一兆五千五百三十七億元，年增七．二%，是近四年來增幅最高的一次。

臺灣政治大學國際關係研究中心資深研究員宋國誠指出，這個數字是「預算編列」，並非「實際支出」，中共整體「國防預算」項目包括了國防費用、國防科研費、民兵事業費與國防基礎建設費等，有的由地方預算支出，有的隱藏在國務院所屬的能源、機械電子、航空航天、教育等部會的預算中。換言之，中共的軍事預算向來採取「隱藏式分散編列」，實際的國防預算支出應是編列數字的三至五倍。

中國全國人大發言人王超指出，軍事預算是為了應對「複雜安全挑戰」的需要。但宋國誠質疑，中國沒有來自外國的安全挑戰，如果把中國的周邊國家「順時針」數一圈，從韓國、日本、臺灣、紐澳、菲律賓、越南到印度，有哪個國家對中國產生軍事威脅？只有中國不斷軍事威脅周邊國家。

耐人尋味的是，習近平在中國共產黨第二十次全國代表大會（簡稱二十大）報告中關於打仗的論述，比起十九大時有細微卻相當重要的變化。二十大報告中說：「全面加強練兵備戰……加強軍事力量常態化、多樣化運用，塑造安全態勢，遏控危機衝突，打贏局部戰爭。」而十九大報告中稱：「提高基於網絡信息體系的聯合作戰能力、全域作戰能力，有效塑造態勢、管控危機、遏制戰爭、打贏戰爭。」

「戰爭」與「局部戰爭」的差異，說明習近平意識到，中國的國家實力和中國軍隊的實際戰力，不足以支撐一場全面戰爭，尤其是針對美國及其盟友的戰爭。習近平認為，只要將侵略臺灣的戰爭限定為局部戰爭，對臺動武就有勝算。若是以武力「統一」臺灣，他的歷史地位將高於鄧小平，更高於江澤民和胡錦濤。然而，臺海戰爭一旦開打，能像習近平預想的那樣，僅僅局限為局部戰爭嗎？這場戰爭必將是二戰之後最大規模的世界大戰。

解放軍的反腐改革

習近平自出任黨政軍最高領導人以來，掀起了一場浩浩蕩蕩的反腐鬥爭。軍隊首當其衝。習近平號稱清除軍中腐敗，其實也是權力鬥爭——清洗前朝元老，將空出來的關鍵位置安插上自己人。

中共十八大到十九大之間，也就是習近平第一個五年任期內，軍隊共立案四千多起審查，紀律處分一萬三千餘人，至少六十九名軍級以上的「老虎」落馬，涉及中央軍委、原總部單位、原七大軍區、軍校與研究機構、各個軍兵種以及武警部隊。曾經「一人之下、萬人之上」的軍委副主席徐才厚和郭伯雄（除了文職軍委主席之外地位最高的職業軍人），一個在調查中死於膀胱癌，一個被判無期徒刑入獄。

直屬中央軍委的軍事科學研究中心、軍事科學院軍建部前副部長楊春長表示，徐才厚選人、用人的標準是「認錢多少」：「一個大軍區司令，一個人送他一千萬元，再有一個人送兩千萬元，他就不用送一千萬元的那個人。」而郭伯雄任軍委副主席時，分管總參謀部及總裝備部兩大機關，這兩個系統的將領提拔全是他說了算，因此涉嫌大肆收受賄賂。郭伯雄的兒子郭正鋼曾揚言：「全軍一半以上的軍官是我家提拔的。」郭伯雄晉陞將領會按級要價，少將五百萬至一千萬元，中將一千萬至三千萬元，誰給得多就升誰。

除了徐、郭兩名軍委副主席，在不到四年時間內，已有兩任最高軍事主管（總參謀長）和最高政治主管（總政主任）落馬。網路上流傳一張胡錦濤與多名軍方巨頭的合影，那一屆的中央軍委，除了作為軍委主席的胡錦濤之外，幾乎全部落馬，其中有七名上將（徐才厚、郭伯雄、田修思、王建平、王喜斌、張陽、房峰輝）入獄，可以上演一部中國版的《七武士》（按：日本電影）。全世界沒有哪支軍隊會出現這種奇觀，中國又拿下一個「世界之最」。有評論人指出，假如習近平的反腐真的不以政治立場劃線，而是一視同仁的依法辦事，一定會有更多軍隊大老虎鋃鐺入獄。

徐、郭倒臺之後，第三名被拿下的上將是空軍原政委田修思。田修思和妻子被調查人員帶走的那天，空軍大院的機關幹部都知道這件大事，卻少有人為之惋惜。田修思是空軍的「空降官」，在內部人士看來，這個老長官「不懂空軍」，不少人難以接受這樣的首長。

田修思為砲兵出身，深耕蘭州軍區將近四十年，與崛起於西北的郭伯雄有諸多交集。他長期在外駐防，注重與地方保持良好關係，擔任成都軍區政委期間，多次前往重慶視察部隊，也多次與薄熙來會面（薄熙來受賄、貪污、濫用職權案發後，一些田修思的下屬，如成都軍區聯勤部部長朱和平、成都軍區原副司令員楊金山、西藏軍區原副政委衛晉、四川省軍區原政委葉萬勇等先後被查）。

田修思的官聲不佳，很多人說他強勢、霸道，卻仍一路扶搖直上。有昔日部屬稱，老長官脾氣很大，說話音調很高，遇到事情張口就罵。「田上將」落馬後，有人向媒體透露，他是有野心的雙面人，裝得很正經、會演戲，擔任空軍政委後善用宣傳，有關他的活動都要求軍媒大篇幅報導，且又自持資歷老，不聽別人的意見。他在六十五歲退役後，轉至全國人大任外事委員會副主任委員，從此十分低調，很少會客，大概已預料到其下一站是監獄。

緊接著被查的王喜斌上將，曾任解放軍最高學府國防大學校長，他一路從基層做起，在軍事主官這條線上，履歷很完整：一九六六年至二〇〇〇年，歷任陸軍戰士、班長、排長、連長、連黨支部副書記、參謀、坦克團一營營長、陸軍團參謀長及團長、陸軍師副參謀長及副師長；後調入北京軍區司令部，出任裝甲兵部副部長、兵種部副部長及部長；再從「萬歲軍」三十八軍團開啟軍團任職生涯；之後任二十七軍團軍長、北京軍區參謀長。二〇〇七年，晉升中將，隨後出任國防大學校長，晉升上將。

王喜斌未接受過高等教育，卻是能文能武的「儒將」。他喜歡舞文弄墨，二〇一五年，軍事文化研究會與軍事博物館共同主辦的「抗戰精神：不屈的國魂——共和國上將書法展」，其中就有他的作品。據《中華兒女》雜誌報導，在昔日戰友心中，王喜斌不論什麼時候都是「帶頭的」，「當參謀時，他的作戰地圖就畫得好。」他自己曾說：「沒有文化的軍隊是愚蠢的軍隊，而愚蠢的軍隊不可能戰勝敵人。」他在擔任國防大學校長期間，出版了《從這裡走向戰場》、《鑄將紅山口》和《礪劍恆山獄》等三部軍事論著，《從這裡走向戰場》的序言由徐才厚撰寫，當時徐才厚已岌岌可危。該序言發表一年後，徐才厚落馬，發表後的第四個年頭，王喜斌亦垮臺。

田修思、王喜斌被查已數年之久，至今不見媒體報導案件進展。習近平的軍中反腐黑幕重重，然而民眾絲毫沒有知情權。

掌握土地收回扣，貪一次賺一億多

根據已公布的資料，「軍中第一貪」的名號不是「七上將」拔得頭籌，反倒是低一級的谷俊山中將奪魁。

谷俊山為河南人，初中畢業即入伍，以致後來批示文件時錯字百出——這倒是跟「小學生」習近平有樣學樣。他從小兵幹起，認識了團副政委張龍海的女兒張素燕並俘獲芳心，靠攀附岳父而在軍中升遷。二〇〇一年，谷俊山上調北京，先後擔任總後勤部基建營房部副部長及部長、全軍房改辦公室主任、總後勤部副部長，之後晉升中將。在其任職於總後勤部期間，手上掌握軍方土地，成為房地產商競相賄賂的對象。

谷家旗下開辦大量企業，名稱中大多有「容」字，寓意福祿護佑谷氏家族。他營造「將軍府」，位於北京海淀區五棵松附近，這一地段解放軍各機構和高級將領聚集，在此興建豪宅，足見其囂張程度。在一次軍委擴大會議上，前國家主席劉少奇之子、總後勤部政委劉源上將向與會者展示一張谷俊山將軍府的照片，稱「貪汙軍產、倒賣軍火、賣官鬻爵、侵吞公款、私用公款、亂吃回扣等」問題普遍存在於軍方，並以開國大將陳賡之子陳知建少將被索賄之事為例，將矛頭指向徐才厚、郭伯雄和梁光烈三人。

二〇一二年，谷俊山涉貪被撤職，移交司法。有關部門對其調查事項多達十幾條。據《財經》雜誌報導，谷俊山在老家仿造故宮建築風格建造將軍府，從空中瞭望像一把手槍。在上海，某塊軍方地產賣了二十四億元，有六%為谷俊山的回扣，高達一億多元。據大眾網副總編姜長勇披露：谷涉案金額兩百多億元，房產三百餘處。

谷俊山有五個情人：一個歌星、兩個影視小星、一個主持人、一個高級白領。清查谷氏老家時，查出地下室藏有大量軍用專供茅台酒、一艘寓意「一帆風順」的大金船、一個寓意「金玉滿盆」的金臉盆，及一尊純金毛澤東像，其貪汙物品用四輛卡車才裝完。三年後，軍事法院對谷俊山案一審宣判，認定其犯貪汙、受賄、挪用公款、行賄、濫用職權等罪，五罪並罰，決定執行死刑，緩期兩年執行，剝奪政治權利終身，沒收個人全部財產，贓款贓物予以追繳，剝奪中將軍銜。最終公布的涉案數額，由之前民間流傳的兩百億元縮水為二十億元。

然而谷俊山案絕非特例。美國智庫蘭德公司研究中國軍方動態的學者何天睦（Timothy Heath）評論說：「解放軍部隊裡負責採購的職位，往往是腐敗的好發地，因為他們通常需要採購大量的補給，例如食品、衣物、設備和武器。他們可以把這些採購品納入私囊，或者出售牟利。」中國軍隊從當兵、提幹（按：提拔為幹部）

到轉業，再到邊防部隊走私軍火、產品和駐守礦山等，處處都可見腐敗。而但凡腐敗，就不會只有一人一事，往往是網絡勾連，從生產到採購一級經費分配劃撥，每個環節的人都可能被網羅進去，在金錢利益之下，肯定又涉及人事考核升遷等。腐敗導致軍隊戰鬥力虛弱，經商致使軍隊軍心渙散。

海軍問題更嚴重，航母機密都能賣

習近平大力反貪，軍隊問題卻越演越烈。習近平投入巨資打造「大海軍」，海軍軍費猛增，瀆職情事亦肆無忌憚。二〇二一年二月二十六日，中國船舶重工集團原黨組書記兼董事長胡問

▲ 遼寧號是中國第一代及第一艘航空母艦，解放軍高級將領涉嫌洩漏其相關機密給外國情報機構。（圖片來源：維基共享資源公有領域。）

鳴因涉嫌受賄、國有公司人員濫用職權一案，在上海被公訴。

胡問鳴先後在多家軍工企業工作，參與過陸海空三軍裝備研發，包括第一艘自產航空母艦、殲十戰機、國產大飛機等項目。兩年前，前一任書記孫波涉嫌受賄、濫用職權，被判刑十二年，這個職位上的高官可謂前赴後繼。香港《南華早報》透露，除了涉嫌受賄，孫波更涉嫌洩漏航空母艦「遼寧號」的機密給外國情報機構。

二〇二一年四月二十九日，解放軍海軍原副參謀長宋學因涉嫌嚴重違紀違法，被罷免第十三屆全國人大代表職務。宋學是山東人，海軍少將，其最為人所知的身分，是在中國第一艘航空母艦「遼寧號」試航的「殲十五艦載機」起降試驗任務副總指揮，還曾擔任過海軍裝備部副部長，握有採購大權。

參與打造和採購航空母艦及艦載機的軍工系統和海軍高級官員紛紛落馬，難怪中國自主生產的航空母艦還未服役就屢屢出現嚴重事故，連訓練任務都無法完成，更遑論實戰。一個貪官橫行的軍工系統製造的武器，不單價格高，其可靠性、威力亦很受質疑，對軍隊作戰能力造成極為不利的影響。

2 習近平的軍改

習近平鞏固權力之後，展開中共建政以來最大規模的軍改。在此之前，從「毛時代」到「鄧時代」，從實行軍銜制到取消、到再恢復，從十一大軍區合併為七大軍區，從縮減陸軍規模到擴大海軍和空軍規模，都只是在既有體制內小修小補，唯有習近平這一次軍改，堪稱傷筋動骨。

在習當局執行軍隊改革的頭兩年，已有兩百多個正師級以上的機構被裁，團以上建制單位機關減少一千多個，非戰鬥機構現役員額壓縮近一半，軍官數量減少三成。解放軍目前的兵員約兩百三十萬人，陸軍一百六十萬人、海軍二十三萬人（包括水兵和輔助人員）、空軍三十九萬八千人，另有六十六萬名武裝警察部隊。解放軍有六十二具洲際彈道導彈發射裝置、一百五十架轟炸機、一千八百六十六架戰機、兩百架攻擊直升機；裝甲部隊有六千五百四十輛主戰坦克、四千兩百八十三輛陸戰裝甲車。海軍共有七十三艘主力戰艦，包括巡洋艦、護衛艦和驅逐艦及三艘航空母艦，還有四艘可發射彈道導彈的核潛艇，及五十六艘攻擊潛艇。

據美國「博訊新聞網」披露，在習近平背後有一位已退出現職的將領，對軍改的人事點將產生很大的作用，特別是軍委總部、五大戰區的主將名單，有不少是他的建議。此人是曾任副總參謀長的章沁生。習近平很欣賞他的足智多謀，軍改多次向其商詢，設立中部戰區就是章沁生的建議。此外，多位將領進入新的中央軍委，也與他的推薦有關。

據《金融時報》（*Financial Times*）報導，以前解放軍陸、海、空和戰略導彈部隊等兵種，是由總參謀部控制，現在各兵種直接對中央軍委負責，陸軍的職能被削弱，權力集中在習近平手中。這次大刀闊斧的改革，改變了解放軍的負責和指揮結構，莫斯科高等經濟學院中國軍事問題專家瓦西里．卡申（Vasily Kashin）指出，「習近平把解放軍變成了他的政治權力基礎。」

軍改把單位變多、決策權變小

此次軍事體制改革的方向，大致分為「脖子以上」和「脖子以下」。所謂「脖子以上」，即是調整軍委機關的組織，將總部制改為多部門制，主要是把「四總」——即是總參謀部、總政治部、總後勤部和總裝備部，整改為十五個職能部門。鳳凰電視評論員宋忠平認為，這次改革是以軍委主席負責製作為目標，要強化軍委自身的管控能力，把「四總」變成十五個執行或服務部門，不再是決策部門，是改革的重點。十五個部委各自獨立，職能完備，彼此之間互相配合和協調，但主要還是執行者或服務者，並非決策者。

十九大後的軍委會，既非如美國參謀長聯席會議的「作戰中心」功能，也非既往江澤民、胡錦濤時代，供四總部及各軍種議價、圈劃軍費的「資源協調平臺」性質，而是「強軍夢工作小組」——其任務是矢命貫徹習近平的「強軍夢」中，「聽黨指揮、能打勝仗、作風優良」等三大工作主軸。習近平上任後，多次在內部會議強調此三大主軸，並將此定性為「黨在新形勢下的強軍目標」。

分工上，由聯合參謀部主管作戰訓練、政治工作部統管思想教育與黨組建設、紀律檢查委員會負責紀律審查，三條工作線從軍委會垂直貫穿各級部隊。這是以軍委會「參、政、紀」分工體制，構築各級部隊編裝調整的「頂層設計」。再往下，各軍種司令部及戰區機關的參謀長、政治工作部主任及紀委書記，均位列單位副職，位階等同副司令，以下各級單位亦如此。

主責軍事外交的國防部長亦為軍委會委員之一。國防部長是唯一非政治局委員卻享有副國級待遇的軍委成員，名列「黨與國家領導人」行列，在軍委會排名第四，僅次於正副主席，在政府中兼任國務委員。但其地位遠低於西方國家的國防部長，只負責對外戰略溝通、對內代表軍委會與國務院進行軍政協調。

原則上，「脖子以上」的軍改已於二〇一六年底完成。次年，解放軍進行「脖子以下」整改，重點是人事編制和數量改革，及優化結構、調整規模。香港《大公報》引述軍事專家的分析，發展新型力量是「脖子以下」改革的重中之重。陸軍人數大大減少，海軍和火箭軍得以擴編。經過近半年整改，將原七大軍區重新劃分為東、西、南、北、中五個戰區；軍種從海軍、陸軍、空軍，增加火箭軍和戰略支援部隊。

原有的軍區制主要針對陸軍而言。陸軍分區駐防，維護所在地區穩定和抵禦外來入侵，此駐軍和指揮體制可追溯到東羅馬帝國——公元八世紀，東羅馬帝國確立軍區制，全國設有三十多個軍區，各軍區總督握有軍政大權，直接對皇帝負責。俄羅斯接受東正教後，自詡為東羅馬帝國傳人，也實施軍區制。軍區制適用於社會生產、交通相對孤立的時代，直到二戰期間，各國軍隊仍實施分區防守、作戰的指揮體制。

坑多，蘿蔔也多，可供酬庸的官位也多

然而隨着海、空軍崛起，軍隊的機動能力開始顯現，嚴格劃區的體制不再適應社會生產和現代作戰。以美國為例，從一開始就沒有考慮過軍區制，五個地區性司令部分管全球防務，四個專業職能性司令部分管全軍運輸、戰略打擊、特種作戰等事務。這些司令部不是單一軍種駐防，而是多軍兵種在廣大空間內，應作戰需求迅速組織協調各作戰模組的概念。

解放軍由軍區變為戰區，是模仿美軍建制，與此同時，其使命由地區性行動向全

球行動擴展。據中國軍事網站披露，新一輪軍改將現有的軍團、師、旅、團、營五級體制改為軍、旅、營三級編制，加大諸兵種合成程度。同時，將部分陸軍兩棲作戰師轉為海軍陸戰旅，首先由東部戰區駐杭州第一師和南部戰區駐廣東博羅第一二四師開始改起。中國海軍目前僅有兩個海軍陸戰旅，部署在廣東湛江，未來將擴大到六個旅、近十萬人。若南海和臺海發生戰爭，海軍陸戰隊將是主力。

此外，習近平在接見新調整組建的軍級單位主要官員時表示，解放軍的新單位有八十四個。在這八十四個單位中，最受關注的是十八個軍團整改為十三個，且採用由七十一至八十三的新番號。有軍事專家指出，解放軍主要是朝聯合作戰方向發展，並優化結構、調整規模。改革後的軍團將發生巨大變化，不再由陸軍統一調配，而是具備多軍種的概念，更像是一個聯合作戰部隊。

不過，這些改革措施，有改革之名，而無改革之實，看上去冠冕堂皇，實際上都是鬼畫桃符。所謂「上有政策，下有對策」，很多改革措施，都只是做做形式，只有名稱變了，實質卻未變。改革後，新機構多了，新的官職也就多了，還沒打仗，軍官們就開始爭奪官位。高層部門和指揮系統的數目擴展幾倍，最高主官級別雖然有所下調，但是「一個蘿蔔一個坑」，坑多，蘿蔔也多，可供酬庸的官位也多——於是，沒上過戰機的空軍將軍、沒登過軍艦的海軍將軍、沒進過坦克的陸軍將軍，比比皆是。

3 解放軍能打多久的仗

美國前國防部長艾斯培（Mark Thomas Esper）說過：「中國軍隊與美國武裝部隊不同，他們不是服務於國家或憲法，而是為中國共產黨服務。」

在中共統治之下，絕大多數的時候都是黨（黨魁）指揮槍：毛澤東在延安時期，就對軍隊有絕對控制權（周恩來、彭德懷、林彪等人對軍隊僅維持有限的影響力），這使得毛澤東能從容發動各種政治運動，放手整肅政敵。最具象徵性的一幕，是毛澤東對國家主席（名義上的國家元首）劉少奇說：你算什麼東西，我用一根手指就能打垮你。

鄧小平從未有過黨魁（黨主席或總書記）身分，但長期擔任中央軍委主席，似乎是反過來用槍指揮黨。他雖然無黨魁之名，卻有黨魁之實——總書記趙紫陽在回憶錄中說，他只是鄧小平的「大祕書長」。

到了江澤民和胡錦濤時代，兩人與軍隊的淵源都不深，在中樞根基頗淺，對軍隊以懷柔、收買為主，彼此相安無事。而進入習近平時代後，他一方面以反貪為名，拿掉江胡時代樹大根深的軍頭，另一方面又以軍改為名，樹立對軍隊的絕對領導權。

後勤補給落後，作戰能力只有兩週

軍委主席是中國最大的官。臺灣軍事研究專家賴顗任認為，解放軍於二〇一五年訂定「軍委管總」原則，以呼應早已入「憲」、但常被削弱的「軍委主席負責制」。軍委管總使習近平能以三條路線統管軍隊——分別是軍委領導各部機關主持日常工作、軍委領導各戰區機關主持備戰打仗工作、軍委領導各軍兵種司令部主持建軍發展工作，即是「軍委管總、戰區主戰、軍種主建」。

為了整理清楚指揮鏈關係，下一步軍改，將對將官層級進行更細緻的設計。其路徑有二：首先，軍改前的四總部及各軍種司令，常因資源劃分互生扞格，部門均勢與軍種平衡問題，嚴重箝制了軍隊效能。十九大後，軍種及戰區司令全數退出軍委會，由國防部長、軍委聯合參謀部參謀長、軍委政治工作部主任，及軍委紀律檢查委員會書記等四位上將擔任軍委委員，以「通通降層」而非「通通有獎」，來解決資源爭奪的矛盾。

其次，處理長久以來軍官「職銜不對等」問題。二〇一九年發布《關於先行調整軍級以上軍官軍銜晉升有關政策的通知》，以軍銜主導等級制度，明確少、中、上將軍銜承接軍級、副戰區級及正戰區級職務，消弭過去「正戰區級中將」或「正師級少將」等混淆指揮鏈的問題。上將層級自上而下始形成「軍委副主席——軍委委員——正戰區級」的有序格局。

但是軍改並未解決解放軍的若干痼疾。美國國防部資深分析專家約書亞・阿洛斯德基（Joshua Arostegui）指出，即使中共軍隊現役官兵人員可觀，但是後勤保障方面存在重大缺陷，缺乏當代後勤補給策略，意味著這支部隊的戰備非常薄弱，一旦戰爭爆發，在戰術上，中共軍隊很難撐太久。從海軍補給艦到飛機維修停機坪，解放軍的基礎設施均呈現出「令人驚訝的不足」。其結論是：「後勤補給體制暴露了解放軍的罩門。」

習近平撤銷總後勤部，改組成立後勤保障部，負責計畫全軍後勤保障規畫、政策研究、標準制定等。這種軍改，使得特定戰區指揮官喪失直接指揮的權力，並導致官僚主義的拖延。後勤保障部隊的調動，得經過五或六層關卡核准，效率更低下，以致軍隊內部傳出批評聲浪。美國軍事專家塞申斯（JR Sessions）指出，北京意圖整合京東、順豐速運等民間物流公司，融入戰時運輸系統。但在戰況瞬息萬變的情況下，要視戰場狀況應變，再提供補給給前線，中共軍隊要藉助民營企業解決運力，這令人想起俄羅斯出兵烏克蘭期間面臨的難題。

美國國防情報局前東亞國防情報官員朗尼．亨利（Lonnie Henley）指出，對於中共海、空軍維持大規模作戰能力，他「尤其存疑」。中共運輸部門與裝備，不足以應對旅級部隊可肩負的遠距作戰，中共空軍的作戰時間大約只能維持兩週。「因為在一些大型空軍演習中，他們的空中演習訓練最多就是幾天而已。」亨利說：「唯有實際執行，否則你不會明白那究竟有多麼不容易。」

學者裴敏欣從俄軍在烏克蘭戰爭中的糟糕表現，看出中國軍隊存在同樣問題：

「除了腐敗，解放軍還表現出與俄軍類似的結構性弱點，比如過度關注武器硬體、缺乏模擬真實作戰條件的訓練、後勤保障不力，以及一直未能發展出聯合作戰行動能力。與俄軍一樣，中國人民解放軍依靠的是自上而下僵化的指揮架構，這使得下級軍官和士兵很難、甚至不可能在戰爭環境中發揮主動性。」

軍隊不是國家的，而是黨的，結果……

腐敗的軍隊不能戰。解放軍無法根除腐敗，就無力與美軍一戰。習近平時代軍隊的問題，不亞於江澤民和胡錦濤時代。在習近平的強勢反貪運動之下，高級將領和中級軍官仍整體性的頂風作案。可見，習的反貪運動，不可能改變解放軍，乃至整個官場的操守問題。

自由亞洲電臺特約評論員胡少江指出，從根本上來看，中國軍隊腐敗透頂，取決於這個軍隊的性質，也取決於領導這支軍隊的共產黨的性質和結構。中國軍隊是黨的軍隊，不是國家的軍隊、人民的軍隊。中共將壟斷政治權力視作第一生命，而壟斷權力是所有問題的根源。當今中國，沒有任何一個政治組織、也沒有任何法律能制約共產黨對權力的壟斷。在共產黨內部，權力是自上而下授予的。這種政治宗旨和權力結構，決定了執政黨領導集團不受制約；決定了這個黨所選拔和控制的軍隊高級領導人的操守；也決定了軍隊的品質。

胡少江也指出，中共治理國家的合法性並非人民授予，而是依靠暴力維持，軍隊是使用暴力維持統治的主要工具。在黨的指令下公然屠殺平民的軍隊，在血腥鎮壓民眾的同時，也丟棄了任何政治理想和道德約束。當他們意識到執政黨對武力的依賴時，就有了在政治上綁架這個黨及其領導人的機會，因此，自上而下的腐敗，成為這支軍隊理所當然的結局。

學者裴敏欣指出：「自一九七九年與越南進行災難性的邊境戰爭以來，中國軍隊還沒打過一場真正的戰鬥。儘管自一九九〇年代初以來，中國大量投資在軍事現代化方面，但解放軍作戰能力仍有待檢驗。如果俄軍在烏克蘭的表現如此糟糕，那麼具備政治化和缺乏戰鬥經驗等弱點，且甚至更明顯的解放軍，又如何指望能贏得今天的戰爭，尤其是牽扯到美國等大國的大規模衝突？能夠消除解放軍最明顯弱點的結構性改革很難、甚至不可能實施。軍隊的去政治化，意味著要移除中國共產黨組織和廢除政委制度，而這兩者都不可能實現。在和平時期獲得真正的戰鬥經驗也不實際。」

第七章

美國會為臺灣一戰嗎？

美國人民應當感謝上帝，祂讓美國人感受無法改變的挑戰，從而使美國的安全依賴於他們的團結，以及接受歷史希望他們承擔的道義和政治領導責任。

——冷戰之父　喬治・肯楠

1

坐視中國侵占臺灣，「美利堅治世」將告終結

Pax是拉丁語，本意是停戰、和平。它與「治世」連在一起出現在紀元初，當時羅馬帝國的疆域橫跨地中海兩岸、歐非亞三大陸，周邊國家或城邦唯羅馬馬首是瞻，而出現少見的和平。哲學家塞內卡（Lucius Annaeus Seneca）在公元五十五年提出「羅馬治世」（Pax Romana）的概念。迄今為止，多數學者接受的三大治世是：羅馬治世、不列顛治世（Pax Britannica）和美利堅治世。這三大「治世」並非杜絕所有戰爭，而是其領袖國家都曾以戰爭來維持所創造的國際秩序。

美利堅治世始於二戰後，其間經歷四十多年的冷戰，靠著核威懾才沒有發展成熱戰，在冷戰期間，市場經濟和民主政治這兩大特徵，只存在於鐵幕之外（非共產主義陣營）。直到蘇聯崩潰、冷戰結束，美國才成為獨一無二的超級大國，民主自由才成

為普世價值。然而，九一一恐怖襲擊發生，標誌著伊斯蘭極端主義對西方發起「聖戰」，接著是中國崛起，企圖以「北京共識」取代「華盛頓共識」。

美國因保衛民主而強大，連左派學者都認同

即便美國犯過很多錯誤、經歷過很多失敗，它仍以「山上之城」（按：源於聖經《馬太福音》〔*Gospel of Matthew*〕的內容，後引用為國家穩定富裕，與其他國家不同）之姿帶給世界希望，正如戰略家和外交家喬治．肯楠所說：「在過去三個世紀裡，在廣袤的北美大地上，一個偉大的世界強國順勢而起，這個國家心存和平、慷慨大度，自其建國至今，毫無二致，世界上的其他國家應該心存感激。」不管人們願不願意承認，「世界上其他很多地方的和平安全，都依賴於我們面對它們的方式。」

美國歷史學者湯瑪士．麥登（Thomas F. Madden）指出，美國是一個「信任帝國」：「美國在其生命週期中，正處在一個不同的位置，他還不滿三百歲，是一個年輕的國家，也是一個年幼的帝國。與年輕時的羅馬一樣，美國正被同樣的內外部動力

鞭策著，正沿著相似的路線，建造著屬於自己的信任帝國。美國人用樂觀的心靈展望著未來，相信自己擁有創造美好世界的能力，雖然總有挑戰——更多的戰爭、流血衝突、分裂活動。」

即便是美國左派經濟學家保羅．克魯曼（Paul Krugman）也承認：「到二戰結束時，我們和我們的英國盟友，實際上征服了大部分的世界。我們本可以成為永久的占領者，但我們做得最多的，卻是幫助被擊敗的敵人重新站起來，建立民主制度，分享我們的核心價值，並且成為保護這些價值的盟友。美利堅治世是一種帝國，在很長一段時間裡，美國在同等國家中肯定居於首位。但是按照歷史標準來看，這是一個非常仁慈的帝國，它的凝聚力來自軟實力和尊重，而不是武力。」

美國不是「西方不敗」，它在越南和阿富汗兩地都遭遇過重大挫敗。有人將阿富汗撤軍、塔利班捲土重來視為美國衰落的標誌，英國皇家國際事務研究所所長羅賓．尼布利特（Robin Niblett）指出：「正如從越南撤軍，沒有阻礙美國在二十世紀取得地緣政治和經濟主導地位一樣，阿富汗的混亂撤軍，並不一定預示著美國在二十一世紀的全球性衰落。這是因為國際關係中的權力總是相對的；且相對而言，美國擁有的結構性權力和社會權力，仍然比它的兩個主要地緣政治對手（俄羅斯和中國）還要多得多。」

美國聖母大學國際安全研究中心主任戴希（Michael Desch）在媒體「第一防禦」（Defense One）發文指出，從西貢淪陷的經驗來看，美軍自越南撤出，並不像外界想像的是霸權的衰落，反而在若干年後贏得冷戰。同樣的，如今美軍自阿富汗倉皇撤出，卻能集中力量在全球其他地區，因應中國與俄羅斯帶來的威脅。

他也指出，出現新的挑戰，是否意味著美利堅治世的終結，仍有爭議；但明顯可見的是，美軍自阿富汗抽身，不但不會阻礙華府與戰略競爭對手斡旋，反而像撤軍越南一樣，讓美方可以集中精力，更妥善處理真正影響美國國家安全的議題。美軍的離開毫無疑問會讓阿富汗陷入一團亂，也讓美國努力二十多年的國家建設化為泡影。但阿富汗就像之前軟弱無能的南越政權，已被證實無法抵抗塔利班。

戴希最後提到，美國不能永遠留在阿富汗，承認美軍在阿富汗的努力破產，反倒讓美國更能做好在全球其他地區行動的準備，這就是美國在越南學到的痛苦教訓。

臺灣淪陷將破壞國際秩序，疑美論錯得離譜

中國在臺灣的「在地協力者」，則用阿富汗和烏克蘭的例子，來傳播疑美論和反美論：美國從阿富汗撤軍，也沒有派兵拯救被俄羅斯侵略的烏克蘭，說明美國也不會為了臺灣與中國一戰。然而這個類比錯得離譜。

臺灣不是阿富汗，也不是烏克蘭，其存亡與美國太平洋霸主的地位，乃至美國在全球建構的「美利堅秩序」息息相關。阿富汗和烏克蘭都是民主轉型失敗的國家，其經濟和產業對西方無足輕重，其地理位置也非戰略核心。而臺灣是第三波民主轉型成功的樣板，其經濟和產業（尤其是半導體產業）對全球至關重要，地理位置更處於西太平洋第一島鏈的樞紐。無論從影響美國外交的哪一種理論出發（理想主義或現實主義），美國都不會任由臺灣被中國占領。

美國智庫「太平洋論壇」近日發布報告指出，臺灣落入中國之手的後果包括：中國可一舉超越美國在印太地區的實力和影響力，由獨裁中國主持的「中華治世」（Pax Sinica）恐降臨；北京及其盟國將更肆無忌憚追求一己利益；亞洲國家將被迫

走上核擴張之路，區域與國際安全環境將更加危險。

該報告主要執筆者之一的易思安指出，解放軍侵占臺灣後，將突破第一島鏈中心，占領臺灣的軍事基地和情報設施。中國海軍的水面艦艇和潛艦，將駐紮在臺灣的深水港，解放軍可以空前不受阻礙的進入太平洋深水區。以臺灣為基地的中國轟炸機和飛彈部隊，將可突襲駐紮在沖繩和關島的美軍。美、日和臺灣目前在東亞沿岸淺水區追蹤中國潛艇的偵察系統，將被削弱甚至完全失效。中國特種部隊與兩棲部隊還可用臺灣作為跳板，入侵日本的琉球群島（以及與那國島、石垣島等）和菲律賓的呂宋島。南海北端將成為解放軍的飛彈潛艦海上堡壘，進一步增強中國在東南亞的軍事主導地位。臺灣是美國的第八大貿易夥伴，也是智能經濟的支柱，失去臺灣，可能引發美國乃至全世界的經濟蕭條，使數百萬美國人失去工作。

易思安指出，臺灣若淪陷，將是美國外交政策史上的創傷，核軍備競賽將開始，並且很容易迅速失控。第三次世界大戰爆發的機率，會達到史無前例：「世界將開始滑向深淵的邊緣，人類文明的發展歷程將面臨倒退的風險。國際法和普世價值等抽象概念，將越來越顯得古怪，甚至有些荒謬。這將是一個新的帝國時代；成王敗寇，強權即公理。」另一方面，歐洲的分裂可能隨之而來，使歐洲大陸陷入令人毛骨悚然、一九二〇年代和一九三〇年代的政治環境。隨著中國的崛起和全球地緣經濟的螺旋式下降，許多發展中國家脆弱的政權可能倒臺，導致一波又一波的激烈政治暴力，並在一些國家引發毀滅性的饑荒。總而言之，臺灣的陷落，無疑是美國不能容忍之事。

「全球臺灣研究中心」執行長蕭良其認為，臺灣失守將導致中國奪取在西太平洋的霸權：「這場衝突將瓦解美國的同盟體系，並導致該地區內外的巨大動盪。隨著中國和俄羅斯建立『無上限』夥伴關係，臺灣的淪陷也可能鼓勵其他獨裁者追求其戰略和領土利益，嚴重破壞現有的國際秩序。」

美國政府一直重視臺灣的自由和獨立，並清晰的表達了以武力幫助臺灣對抗中共的政策。前國務卿蓬佩奧在接受《日經亞洲評論》專訪時表示，若中國出兵臺灣，美國不會坐視不管，美國必定履行其法定義務（《臺灣關係法》〔*Taiwan Relations Act*〕）。

美國海軍學院教授余茂春指出：「美國軍事介入中共武力攻臺行動的戰略清晰一直存在，根本沒有什麼莫須有的『戰略模糊』。自一九八〇年廢止《中美共同防禦條約》以來，沒有任何一位美國總統對此有任何模糊，而且每當中共製造武力攻臺危機之時，在位美國總統全都毫無例外的公開申明或展示美國武力干涉、直接介入的決心和意志。」

二〇二三年三月，美國國防部印太事務助理部長瑞特納（Ely Ratner）在華府智庫「哈德遜研究所」做出保證，他說：「（美國的）嚇阻力是真實的，而且非常強大。」

美國怎麼做，盟友都在看

俄羅斯入侵烏克蘭前夕，美國政府明白宣示「不會直接派兵介入」，但戰爭爆發後則一再強調，「臺灣不同於烏克蘭。」為了展現對臺灣安全的重視，美國除了派遣前美國參謀首長聯席會議主席穆倫上將（Michael Glenn Mullen）為首的五人國安團隊專機訪臺以外，跨黨派的國會議員亦來訪不斷。美國還大幅增加駐臺軍事顧問規模（從三十人增加到兩百人），來加強國軍的訓練計畫，提升應對中國威脅的備戰防禦能力。

除了在臺灣進行訓練之外，美國還將由密西根州的國民兵協訓國軍，並選派赴美受訓的特遣隊官兵，參與在該州北部的格雷林基地舉行的年度多國聯演。這些策略考量及政治和軍事舉動，都在明確的向兩岸發送訊號：臺灣的安全攸關美國的國家利益，美國當然有意願協助維護臺灣的安全。

美國智庫蘭德公司研究員林碧瑩（Bonny Lin）指出，如果美國不在兩岸開戰時援助臺灣，其他區域內的國家更不可能這麼做。尤其是在沒有美國支持的情況下，大概沒有國家想要獨自面對中國的報復行動。美國能否登高一呼，對於組成一個防衛臺灣的陣營，具有絕對關鍵性的影響。美國在此區域的盟邦與夥伴，是否願意在開戰時援助臺灣，重點就在於他們跟美國之間的關係。

林碧瑩同時指出，另一個考量點是，如果美國真的撒手不管臺灣，區域內國家可能會將此判讀為，美國在印太區域的影響力已經下降，進而質疑美國是否還有保護民主陣營盟友的實力，甚至懷疑美國是否已把印太區域拱手讓給崛起的中國。美國在中國侵略臺灣時怎麼做，其在此一區域的盟友及中立國，都目不轉睛的盯著，美國的做法必然影響這些國家下一步的外交政策。

若美國坐視中國吞併臺灣，該區域絕大多數中等國家和小國，必然見風使舵，背棄美國、投靠中國。中國在占領臺灣後，將成為西太平洋、乃至整個太平洋的霸主。對美國來說，美利堅治世將畫上句號，其勢力將退回夏威夷以東，後果遠遠超過臺灣一地的得失。這是美國無法承受的代價和不可能接受的結果。林碧瑩建議，美國應該以身作則，並鼓勵區域內的盟友，在承平時期採取更多支持臺灣的行動，如此一來，除了能夠維持在印太地區的信譽與影響力，也讓區域內國家能夠預期美國會在中國發動侵略時保衛臺灣。

美國不好戰，但向來說到做到

二〇二三年三月七日，美國眾議院新成立的「中國問題特別委員會」主席蓋拉格（Mike Gallagher）在接受福斯新聞（Fox News Channel，縮寫ＦＮＣ）採訪時指出，最近中國人民解放軍增加預算，使習近平入侵臺灣的野心「一覽無遺」，「習近平已經明確表示，他有侵略臺灣的企圖，如果有必要的話，可以使用武力。隨著習近平再次擴大解放軍的預算，應該非常清楚，特別是在烏克蘭事件之後，他認真得要命。」

蓋拉格再度重申美國的立場：「美國和我們的盟友，需要在為時已晚之前建立硬實力，來保護臺灣並阻止入侵，包括向印太司令部提供所需的資源，盡快清理積壓的對臺軍售，並確保我們保護美國在國內外利益的能力，不會被中共的強制性經濟策略破壞。」蓋拉格警告說，中國入侵臺灣，會「使我們與中國發生激烈對抗」。

二〇二三年三月八日，美國太平洋空軍司令維巴赫上將（Kenneth S.Wilsbach）在科羅拉多州奧羅拉的一場戰爭研討會時指出，裴洛西訪臺後，從解放軍一系列環臺軍演的經驗顯示，北京當局未來將會在臺灣東部太平洋海域部署水面船艦，並使用艦上配備的防空系統來建立「反介入／區域拒止」能力。美國政府會優先以嚇阻的方式，來威懾北京當局不要武力攻臺，但重點在於：「如果威懾沒有用該怎麼辦？」

維巴赫強調，屆時太平洋空軍必將擊沉解放軍船艦，而這也是到時候所有捲入臺海戰爭的美軍與友軍單位的主要目標。為此，美軍和盟邦與其他夥伴的武裝部隊，已規畫並進行許多聯合演習，他麾下的空軍聯隊，也經常實施分散部署至各島嶼的演訓項目。他還提到，此前首度公開亮相的新型 B-21 隱形轟炸機，該機將能和武裝無人機一起，增強美軍在印太地區的武裝力量。

臺灣應有足夠的自信，也要對美國有充分信心，美國人向來說到做到。美國不是好戰的國家，戰爭從來不是他們的首要選項，肯楠深有體認：「即便是最輝煌的軍事勝利，除了對所發生的事情感到悲傷和卑微之外，也不會賦予我們以任何勇氣面對未來的權利。」

但美國從不畏懼戰爭，看看美國在日本偷襲珍珠港、蘇聯在古巴安置導彈、伊拉克入侵科威特等事件後的反應就一清二楚了。戰略學者羅柏・卡普蘭一針見血的指出：美國是一個希望維持既有國際秩序的超級大國，其軍隊將觸角伸到世界各地的終極目的，是為漸漸興起的全球文明化進程保駕護航。

邱吉爾曾將美國視為當之無愧的大英帝國繼承者：一個能繼承英國未竟之業、繼續傳播自由的國度。二戰以來，美國從未放棄此一使命。

2 戰爭不只比軍力，人民素質更關鍵

現今全球都有強勁的反美和疑美思潮，這種思潮是中國、俄羅斯、伊斯蘭世界等非民主國家的主流民意，也廣泛存在於西方民主國家內部的左派族群，在美國左派，乃至左傾建制派身上亦歷歷在目——季辛吉、歐巴馬（Barack Obama）、希拉蕊（Hillary Clinton）等政客就有自我醜化美國、對中國綏靖和放棄臺灣的設想（希拉蕊任國務卿時，曾私下對「將臺灣賣給中國」的建議表示讚賞）。

在臺灣社會，亦瀰漫著一股人云亦云的反美和疑美論，部分是中共認知戰的結果，部分是臺灣內部有不可小覷的親中或親共勢力（親中或親共略有差異）。即便在臺灣本土派族群中，也有不同程度的呈現，因為本土派中的左派傾向（即「左獨」）相當明顯——就連本土派政論家司馬文武都認為，美國已經衰落，不足以保護臺灣。

然而，認為衰落的美國會放棄臺灣，這種看法犯了常識性的錯誤。美國布魯金斯學會資深研究員羅伯特・卡根（Robert Kagan）指出：「習近平或許相信美國實力正在大幅衰退，但正如普丁受到的教訓，事實正好相反。美國所領導的秩序及捍衛自己的能力，遠比二十世紀上半葉（打贏兩次世界大戰時）強大多了。」他在《華爾街日報》發表了一篇題為〈挑戰美國只會是歷史錯誤〉（*Challenging the U.S. Is a Historic Mistake*）的文章，其中指出：「一如納粹德國和日本帝國，今天的中國是一個崛起的強權，決心主導自己所在的地區，並且確信美國的國力正在消融。如果中國真的攻擊臺灣，就準備承受跟德日經驗同樣命運的風險……美國將在未來數十年裡，保持不可挑戰的老大地位。」

余茂春也反駁了配合中共認知戰的疑美論調：「美國國務院的每次聲明，都進一步確認美國總統軍事干涉的決心和底線。鼓吹疑美論的人，完全忽視一個根本的事實，那就是沒有任何一位中共領袖，對美國軍事干預中共武力犯臺的決心和底線有任何懷疑。鼓吹疑美論的人，也不了解為什麼民主自由的臺灣，對美國的國家利益有多麼重要。

余茂春強調：「臺灣是中共在亞太地區侵略鏈的首個環節，如果美國對中共武力攻臺坐視不管，整個印太地區，乃至全世界的眾多盟友，將對其戰略承諾和信譽威望，產生不可估量的懷疑和失信。美國也深知，所有在印太地區受到中共文攻武嚇的國家，如日本、越南、韓國、印度、菲律賓等，都指望美國對中共武力犯臺採取毅然決然的反擊，因為臺灣有事，這些國家也有事。」

美國七大優勢，讓中國看不到車尾燈

我曾在一篇與臺灣政論家司馬文武商榷的文章中提及，美國並未衰落，它依然是全球唯一的超級強國，中國在國力和軍力方面，都遠不足以挑戰美國。原因有七：

第一，美國立憲共和的政治制度優越而穩固。自從美國建國以來兩百多年，除了一次南北戰爭之外，從未發生過軍事政變和嚴重的憲政危機。即便經過二〇一六年、二〇二〇年最為撕裂的選戰，仍未顛覆三權分立的聯邦制、共和制的根本架構。

第二，美國聚集了來自不同國家和族裔的第一流人才，是全球高技術人才移民的首選之地。美國對高素質、有創造力、認同美國價值的各種人才敞開大門，這些人為美國創造財富，也捍衛美國的國家利益。二〇二〇年，入籍美國的新移民超過一百萬人，居世界首位。

第三，美國掌握互聯網時代的最新技術，制定全球遵循的產業標準。最具全球影響力、盈利最豐厚的高科技公司，幾乎都誕生並成長於美國。全球前二十大科技公司，美國便占十五個，前五名的蘋果、微軟（Microsoft）、谷歌（Google）、亞馬遜（Amazon）、特斯拉（Tesla），均為美國企業（第六名為臺灣的台積電）。

第四，美國的文化和教育「軟實力」無與倫比。《美國新聞與世界報導》雜誌（*U.S. News & World Report*）二〇二〇年的全球大學排名，前十名中有八所都在美國；美國擁有世界上最多的諾貝爾科學獎得主（三百三十三位）；全世界觀眾都在觀看好萊塢電影，吃美式速食，喝可口可樂。

第五，美國擁有全球最大的煤炭、石油和天然氣儲存量，已取代俄羅斯，成為世界最大的能源出口國。美國的各項自然資源相當完備和充足，耕地面積世界第一，草地和山地牧場面積占全國總面積二八％，僅占其人口一％的農業生產者，讓美國成為全球最大的糧食出口國。

第六，美國的國防預算達六千多億美元，超過排名第二到第十的九個國家總和。美國在一百五十個國家有駐軍，是唯一可向全世界任何地方投射兵力的國家；最大的傳統軍事優勢在於其十九支航空母艦編隊，而其他國家總共才十二支。美軍也擁有最多飛機及高端技術，還有世界上最大的核武庫。

第七，美國通過北約等機構和雙邊及多邊協約，建立起牢固的戰爭盟友關係，二戰後，美國參與的多場局部戰爭，都有大量盟友參與。負責歐洲安全的北約有三十個成員國。在印太地區，美國以俾斯麥（Otto von Bismarck）風格的「轂輻狀」聯盟體系，應對中國的挑戰——「轂」是指印太司令總部所在地夏威夷群島，這一相對孤立的地理節點；「輻」是指日本、韓國、泰國、新加坡、澳大利亞、紐西蘭和印度等主要盟友。

僅以美國部署在西太平洋地區的兵力而論，雖然中國海軍和空軍奮起直追，但差距仍很大。美國海軍在西太平洋擁有大約三十四艘驅逐艦、十七艘核子彈道潛艇和兩艘航空母艦，其以距離東京南方六十五公里的日本橫須賀海軍基地為母港的華盛頓號核動力航空母艦（USS George Washington CVN-73）及其附屬艦隊，是當今世界戰力最強的艦隊。

此外，美國還擁有八架配備聲納的最新一代海神式海上巡邏機，能追蹤該地區的中國潛艇；日本則有四架先進的空中預警機，和十架反潛海上巡邏機。華盛頓和東京特別在日本領土建立了精心設計的雷達系統，大部分東海海域的飛機行蹤和可能的飛彈發射，都在其檢測範圍之內。

海陸開始加強部署，美國並未真的衰落

近年來，美國政府開始迅速採取行動，進行重新武裝，以面對日益茁壯的中國軍力。美國新戰略的優先事項之一，是為駐紮在西太平洋的日本、臺灣、菲律賓和婆羅洲的美國海軍陸戰隊小型機動單位裝備反艦飛彈。在波斯灣戰爭中立下汗馬功勞的戰斧式飛彈，被改裝成射程一千六百公里的海對海及地對海飛彈。

海軍陸戰隊司令伯格（David Berger）表示：「戰斧飛彈是讓我們能夠重新掌

控中國沿海海域的有效工具之一。」路透社引用澳洲前高級國防官員羅斯・貝比吉（Ross Babbage）的話說：「到二〇二四年或二〇二五年，解放軍即將面臨瞠乎其後的風險。」

美軍還在亞太地區部署最新遠程 B-21 隱形轟炸機，以加強在此區域的空中力量。美軍高級將領表示，B-21 隱形轟炸機很快將配備射程達到八百公里的新型反艦飛彈，以應對「緊急作戰需求」。前海軍陸戰隊軍官哈迪克（Robert Haddick）透露：「專注於遠程對地和反艦巡航飛彈，是美國和盟國在西太平洋重建遠程常規火力的最快途徑。」

在陸軍方面，美國第一軍團的指揮機構，已從華盛頓州的路易斯堡遷移到日本，作為印太司令部下屬的聯合作戰司令部的主要力量，進行永久性的前沿部署。這個聯合作戰司令部，相當於放大的「史崔克旅級戰鬥部隊」（Stryker Brigade Combat Team，簡稱SBCT，一九九九年美國陸軍轉型後形成的主流作戰單位，能夠以多架 C-130 運輸機完全空運投射到前線，全旅級戰鬥隊以十種類型、共三百三十二輛史崔克戰車為移動載具，開下飛機後就能直接作原野戰或城市戰。每個史崔克旅級戰鬥部隊由三個步兵營、一個騎兵偵察中隊、一個砲兵營、一個旅支援營、一個旅部連和一個旅工兵營組成，共四千五百名官兵），可迅速投放到兵家必爭的濱海地區（如臺灣）作戰。

美國戰略學者羅伯特・惠勒指出，美國並未衰落。所謂衰落，指的是「一個已經發展到一定程度，自身無須參與戰爭的社會」的基本狀態。這樣的社會摒棄了戰爭這個選項，認為「已經沒有什麼東西值得經由鬥爭的手段，非得付出犧牲才能獲得，因此沒有必要改變現狀。」在這種狀態下，歷史的記憶逐漸被人們忘卻，追求享樂與安逸成了全社會普遍的價值觀。英國歷史學家吉朋（Edward Gibbon）筆下衰亡的晚期羅馬帝國就是如此——公民厭戰，不願從軍，戰場上都是並不忠於帝國的僱傭軍。但美國不是這樣。

美軍是美國公民的自豪，會為守護信仰而戰

戰爭雙方最大的差距，不在於武器和科技，而在於人的素質和勇氣。就後者

而言，中國與美國差異相距更大。羅柏・卡普蘭在《大國威懾》（*Hog Pilots, Blue Water Grunts: The American Military in the Air, at Sea, and on the Ground*）一書中指出，任何一個社會都不會主動尋求戰爭，但忘戰則必危，時刻為戰爭做好準備非常必要。所謂守護信仰，即是心甘情願為其奉獻：若有必要，不惜奮力一戰。如今的美國，無論在軍方還是民間，仍然保留著諸多優良素質，只要領袖們實言相告，將目標和難以預料的代價闡釋清楚，美國人還是很願意在必要情況下奮力一戰。

美國社會依然是一個流動性高、推崇開拓精神的中產階級社會，在美國，贏得他人尊重的根本，是做好自己的工作，而非社會地位或家族蔭庇。美軍士兵就是這一理念的絕佳例證。人們通常以為，千篇一律的軍裝和短髮，或許會湮沒人的特質，可是美國軍人恰恰是以其鮮明的個性，給人留下難以磨滅的印象。在旁人看來，軍人的模樣或許都差不多，但相處數日之後就會發現，他們的個性原本就豐富多彩，完全不必矯揉造作。

美軍的文化與獨裁國家的軍隊文化截然不同。美軍是由一個個軍人組成的集合，其中優秀者的共同特質，並非服從命令、任務至上的信念，而是他們內心始終指向一

▲ 美軍會為守護信仰而戰，是美國公民自豪的來源之一。上圖為駐日 F-16 戰機；中圖為海豹部隊；下圖為駐韓機械化步兵。（圖片來源：維基共享資源公有領域。）

個抽象的「方向」：朝一個難以名狀的未知領域出發。最優秀的部隊無不洋溢著滿滿的開拓精神，這種開拓精神與征服和掠奪毫無關係。如今的歐洲各國，幾乎沒有人為本國的常備軍感到自豪，但美國的情況有所不同，美軍是美國公民自豪的來源之一。

3 在中國面前，美國得先克服四個弱點

川普改變了尼克森上任以來，美國政府一直奉行的、以「接觸——改變」為主的對華政策。就連自由派的法國學者董尼德也直言承認：「川普總統是第一位敢於直接挑戰中國日益壯大勢力的西方領導人。」即便是最仇恨川普的人士，也無法否認這一事實。

不過，川普只是亡羊補牢。面對中國的挑戰，美國仍然暴露出了四大弱點，而這些弱點，多多少少跟美國的社會制度和全球戰略有關，很難克服，卻又必須克服。若不能克服，美國將無法打贏與中國的「新冷戰」——中國的威脅，已超過冷戰時代的對手蘇聯。

未認清中共本質，被「紅色供應鏈」勒死自己

首先，美國缺乏持之以恆、行之有效的對華戰略。美國是憲政共和國家，三權分立，由全民普選出最高行政首腦（總統）和國會兩院。外交權力由立法與行政分支機構分享，若兩者存在嚴重分歧（特別是總統所在的黨派在國會是少數派時），則嚴重影響外交政策的制定與實施。由於總統有任期限制（最多兩屆共八年），總統通常重視在其任期內能達成的外交目標、取得的外交成就，以此對選民有所交代，卻很少制定較為長遠的外交政策（包括對華政策），因為一旦卸任，即便有長期政策，也可能被繼任者終止或改變。

曾在美國國務院和國防部擔任高官的白邦瑞指出，中共剛建政時，毛澤東就制定了一個與美國爭霸的百年策略——用一百年時間，洗刷近代以來的「國恥」，取代美國，稱霸全球，用習近平的話說就是：「實現中華民族偉大復興的『中國夢』。」但美國菁英階層居然對此一無所知。美國的中國問題專家和對華政策的制定者們，對中國有五個錯誤的假設：美中交往能帶來完全的合作、中國會走向民主之路、中國是脆

弱的小花、中國希望變成美國、中國的鷹派力量薄弱。

之所以出現這樣的誤判，肯楠早在六十多年前就指出，這是一種傳教士心態：「我們與中國的關係，反映了我們自己對待中國好奇、但卻根深蒂固的多愁善感。很顯然，這起源於中國給我們的愉悅感，即是把自己視為那些不如我們幸運、先進的人們高尚的保護者、恩師和師長。在這種自我沉溺中，我不禁看到了民族自戀的一種形式——集體的自我欣賞——對我來說，很多美國人都樂於此道。這種傾向只能掩蓋內心深處、潛意識中的不安全感，與我們自命不凡的外部行為形成鮮明對照。」這種天真傲慢的心態，妨礙了美國認清中共的本質，及制定有效且有針對性的對華政策。

其次，美國資本主義中，唯利是圖、「有奶便是娘」的一面，被中國利用而為中國輸血，正如列寧所說：「資本家會賣給我們吊死他的繩子。」自從美國接納中國加入世貿組織後，美國逐漸被「紅色供應鏈」套牢、掏空。美國忘記了國際上的自由貿易，只可能存在於實行自由市場經濟的國家之間，若自由市場經濟的美國，與非自由市場經濟的中國實行自由貿易，中國奴隸勞工生產的廉價產品必然所向無敵，而美國的製造業會萎縮、消失，最後就連美國國防產品的某些零件都要依賴中國生產。這種偽自由貿易，將成為中共極權政府向美國反戈一擊的武器。

「紅色供應鏈」一詞最早始於二〇一三年九月《金融時報》的一篇報導。該報導指出：「中國企業正逐漸取代臺商，成為蘋果精密零組件的供應商，而非只是為組裝這些高科技裝置提供廉價勞動力！」其實，「紅色供應鏈」早已存在於西方民眾的日常消費品之中。中國挾其龐大的市場、資源及勞動力，吸引全球廠商到中國設廠，在本地化政策的驅動，及外商製造及管理技術的培育下，中國製造業茁壯成長。即便川普政府發動貿易戰，也未能遏制此一趨勢。

二〇二三年二月七日，美國商務部發布貿易統計顯示，二〇二二年中美進出口額達六千九百零五億美元，超過此前最多的二〇一八年，兩國經濟依然高度相互依存。美國自中國進口總額為五千三百八十八億美元，中國自美國進口一千五百三十八億美元，美國對華貿易逆差從二〇二一年的三千五百三十五億美元，增至三千八百二十九億美元。前任美國貿易副代表葛雷瑟（Ed Gresser）指出：「關稅並沒有絕對影響力，至少目前還看不出來。」

即便在美中嚴重對立的當下，美國的超級富豪如微軟（Microsoft）創始人比爾·

蓋茲（Bill Gates）、蘋果（Apple）執行長庫克（Tim Cook）、特斯拉（Tesla）執行長馬斯克（Elon Musk）等，仍然爭先恐後的訪問中國，有人得到習近平的親自接近受寵若驚，再三表示不願與中國脫鉤。他們的所作所為完全背離美國的國家利益，形同賣國。

仍以俄羅斯為首要敵人，其實中國更危險

第三，左派思潮肆虐、分裂美國，毒化了美國精神和美國價值，束縛美國實施強有力的外交政策。美國憲法專家馬克．萊文（Mark Levin）在《馬克思主義在美國》（*American Marxism*）一書中指出，在今天，美國的資本主義市場機制及其共和立憲制，正遭受脫胎自馬克思主義的各種「進步主義」所侵蝕。許多美國建國的原則被拋棄，這些原則包括私有財產權、商業的自由流動、自願交易、個人的神聖性，以及依據這些原則而建立的政府。

現代「進步主義」運動的意識形態基礎，是從馬克思主義孕育出來的。過去數十

年裡，美國大學校園普遍教導並宣揚馬克思主義，這些教導和宣揚建立在美國哲學家杜威（John Dewey）的著作上，並採用歐洲哲學家馬庫色（Herbert Marcuse）、傅柯（Michel Foucault）、後殖民理論創始人薩依德（Edward Said）、美國哲學家杭士基（Noam Chomsky）等人闡述並信奉的新馬克思主義思想。

馬克思主義的核心要素，早已廣泛存在於美國的社會與文化之中，並從學校大學入侵媒體、科技公司與環保運動，這些要素被冠上進步主義、民主社會主義、社群行動主義、批判性種族理論等標籤而大行其道。在橢圓形辦公室（按：美國總統辦公室）、國會大廈、大學和學院的教室、公立中小學、各級企業、媒體、高科技公司及娛樂界，該運動越來越具影響力，並且以犧牲基督教文明為代價。進步主義者仇視美國文明的一切，而以中國為理想社會。對於「黑命貴」（按：Black Lives Matter，亦譯為黑人生命也珍貴）之類的美國左派激進運動，中國樂觀其成，並提供大筆支持和贊助。

第四，美國的全球戰略特別是軍事部署，仍未脫離冷戰的窠臼，這是「船大調頭難」（按：指事情耗時太久難以回頭）。以首要敵人而論，美國多數政府官員、民意代表、學術界和主流輿論，仍以俄羅斯為首要敵人，而輕輕放過中國這個更危險的敵人。普丁發動侵略烏克蘭的戰爭，更鞏固了這一立場。

實際上，俄羅斯的危險性不能與此前的蘇聯相比，更不能與當前的中國相比。從經濟體總量來看，俄羅斯只相當於中國的廣東省，連南韓都不如。在烏克蘭戰爭中，俄羅斯疲態盡顯，無力與美國爭鋒，他不再是中國的「老大哥」，已然淪為「小兄弟」——如今能與美國爭鋒的，只有中國。「中國—俄羅斯—伊朗」這個新的軸心國同盟已隱然成形，中國是領頭羊。

以軍力部署而論，美國仍是重歐洲、輕亞洲；重大西洋、輕太平洋。儘管歐巴馬時代有「亞洲再平衡戰略」、川普時代有「印太戰略」，但仍未完成全面、根本性的轉型和調整，亞洲版的北約遲遲未建立起來，烏克蘭戰爭又減緩了這一進程。

如果不能迅速完成這一轉型調整，美國就無法在印太地區集結最大力量，有效遏制中國的戰狼式擴張，無法讓該地區的盟友們安心。當初，川普開除其國安顧問波頓（John Bolton），就是因為兩人在此一關鍵問題上存有重大分歧：川普意識到中國是首要強敵，亞洲比歐洲重要，太平洋（尤其是西太平洋）比大西洋重要，為了對付中國，甚至可以暫時拉攏俄羅斯，以形成新的「大三角戰略」；但波頓仍是僵化的冷戰思維，堅持以俄羅斯為第一位，將美國的戰略中心放在俄羅斯身上。

美國的解決方案：把中國看成冷戰時期的蘇聯

應對以上四大挑戰（追根究柢即是中國的挑戰），是美國建國以來最為艱巨的任務。美國必須拿出妥善而周密的解決方案。

首先，美國需要完成自身重建——反對左派思潮和運動，回到美國的建國原則、美國憲法、國父們的政治智慧和美德、政治哲學家柯克（Russell Kirk）所說的「美國秩序的根基」（the roots of American order）及清教傳統。如此，才能抵禦左派思潮，讓美國回歸正道。

其次，與中國逐步脫鉤，擺脫「紅色供應鏈」的捆綁，如川普所說，讓製造業回到美國，重振「鐵鏽地帶」（按：指美國工業衰退的地區）。要實現這個目標，僅靠關稅和貿易戰並不夠，更重要的是，美國人在一定程度上改變生活方式和生活習慣，遏止驕奢淫逸、好逸惡勞，重回清教徒時代和西部拓荒時代的勞動價值、冒險精神，也就是韋伯所說的「新教倫理與資本主義精神」。

第三，擴軍備戰，開發新式武器，縮減或撤出次要區域的軍力，集中到關鍵地方——重中之重就是臺灣及其周邊區域。美國從阿富汗的撤軍是必要的，當年進軍阿富汗就是一個重大錯誤，軍事行動結束之後的「國家重建」，則是更大的錯誤。美國在頁岩油氣開採上的技術突破，使得美國可以實現能源自足，乃至成為能源出口國，這將使得中東地區的戰略重要性大大降低，美國不必在中東牽扯太多戰略資源。於此之前，透過顏色革命將部分阿拉伯國家改造成民主國家的實驗大多失敗了，因為那是一個不可能達成的任務，肯楠早就指出：「這個世界有些問題我們無法解決，我們投入這個深淵並沒有幫助。」

最後，放棄「透過接觸改變中國」的幻想，改以肯楠擊敗蘇聯的「遏止」政策來對付中國（而不是白邦瑞所謂《孫子兵法》之類的東西，他找到了病根，卻開錯了藥方）。肯楠所定義的冷戰時代美蘇關係，亦可用來定義如今的美中關係，若用美國政治學者杭廷頓（Samuel P. Huntington）的話來說，即是不可調和的文明衝突或價值衝突：「美蘇關係從本質上來說，是在考驗作為世界民族之一的美國總體價值。為了避免毀滅，美國只需要達到其民族之最好傳統，並證明其值得作為一個偉大的國家存在。」

肯楠在〈蘇聯行為的根源〉（*The Sources of Soviet Conduct*）一文中對蘇聯的分析，今天仍適用於中國，只需要將蘇俄改為中國就可以了：「蘇聯社會所具有的缺點，最終會削弱它的總體潛力。這就要求美國對堅定的遏止政策充滿信心，在俄國人露出侵害世界和平與穩定的每一個跡象上，堅定不移的反擊。」、「如果美國表現出優柔寡斷、紛爭不和以及內部分裂的跡象，將會極大的鼓舞整個共產主義運動。如果出現上述任何一種跡象，共產主義世界將會大受鼓舞、興高采烈，莫斯科會得意洋洋，其國外支持者們就會為其吶喊助威，俄國在國際事務中的影響就會全面增長。」

4 臺海開戰，美國必然攻擊中國本土

戰爭是一件毀滅和殘忍的事情。但是，厭惡戰爭並不能阻止和消滅戰爭。希特勒、普丁和習近平式的戰爭狂人永遠不會消失，這是善良的人們必須面對的現實。戰爭的腳步越來越近，遏制戰爭的努力不能停止。美國空軍機動司令部上將米尼漢（Mike Minihan）在一份備忘錄中警告，美中可能在二〇二五年爆發戰爭。對此，美國眾議院外交委員會共和黨籍主席麥考爾（Michael McCaul），在福斯新聞表示，情勢確實不樂觀，「我也希望他是錯的……但很不幸的是，我認為他是對的。」

美國智庫「外交關係協會」發布的一項對國際問題專家的調查顯示，他們首要關注的二〇二三年全球主要危機，是臺灣海峽可能的軍事衝突。中國對臺灣的軍事脅迫升級，可能導致一場讓美國捲入的臺海軍事衝突。該機構下屬的「預防行動中心」邀請政府人士和外交政策專家，評估三十個正在進行或可能發生的衝突，近五百四十名受訪者根據事件發生或升級的可能性，以及它們對美國利益的可能影響程度，將衝突分為三個風險指數等級。在風險指數最高的等級中，居首位的是臺海軍事衝突。該中心總監保羅・斯特爾斯（Paul B. Stares）指出，美國政府在危機四伏的地緣政治格局中，同時面臨美中、美俄這樣的大國競爭，以及以朝鮮為代表的地區核威脅。

另一智庫「大西洋理事會」公布的、一份針對一百六十七名國際問題專家的調查顯示，大國開戰更有可能發生在亞洲，而不是歐洲。七〇%的專家認為，北京會在未來十年內尋求強行收復臺灣。受訪專家認為，未來十年，臺海爆發戰爭的可能性，高於北約與俄羅斯發生全面衝突。

在烏克蘭戰爭如火如荼進行的當下，西方大國的領導人和戰略學者們並沒有忽略臺海危局。若這場戰爭真的爆發，美國必將盡可能動員更多的盟友參與。韓戰中，美國領導的「聯合國軍」包括十六個國家的作戰部隊；波斯灣戰爭中，美國以北約為主體，組織了一個有三十七個國家參加的聯盟。一九〇〇年，慈禧太后下旨「對萬國宣戰」，招來八國聯軍攻占北京；若今日中國對臺灣動武，面對的將不只是八國聯軍、十六國聯軍或三十七國聯軍。這場戰爭，將是中國一國面對美國及其盟國，比朝鮮戰爭時還形單影隻——這一次，北韓不會出手幫助中國。

臺灣反擊應打哪裡？北京、上海、三峽大壩

迄今為止，烏克蘭戰爭是一場局部戰爭和有限戰爭。西方大國僅向烏克蘭提供經濟和軍事援助，而未直接參戰，烏克蘭基本上只是在其境內抵抗入侵俄軍，無力或不敢攻擊俄羅斯本土的戰略目標。但是，一旦臺海爆發戰爭，美國向戰區出兵，戰爭規模將遠非烏克蘭戰爭所能比擬。

當年的朝鮮戰爭，美國最高決策層將其限定為局部戰爭和有限戰爭，不准麥克阿瑟攻擊中國本土，導致美軍未能在這場戰爭完勝。臺灣戰略學者張德方認為，若依照韓戰模式，美國可能以「恢復臺灣現狀」為軍事目的，這樣就不會攻打中國本土。然而，若美國直接派兵參戰，中共不會善罷甘休。中國以地緣之利，配合現代武器及實施不對稱戰法，可能迫使美軍必須面對一場難操勝負、耗損龐大軍力的風險。也就是

說，如果美國直接以軍事對抗介入臺海危機，中共與美國將爆發一場全面戰爭。

既然是全面戰爭，就不再適用於韓戰模式。只要美國出手，就不可能自我設限，只為追求局部軍事或戰術上的勝利（譬如僅摧毀中國幾處導彈基地、機場或港口），而應從國家利益與國家安全全盤考量長期、整體的戰略態勢，從源頭摧毀敵方指揮、管制和通訊設施，終結中共導彈及空中作戰能力，使中共在中、短期內，無法再具備以武力威脅臺灣的能力，甚至趁機消除中共洲際彈道飛彈對美國的威脅。而要達成這些戰略目標，不可能不攻擊中國本土，中國本土不可能像在韓戰中那樣安然無恙。

美軍退休中將、美國空軍主管情報、監視和偵察事宜的前副參謀長德普圖拉（David A. Deptula）公開表示：「我們嚇阻中國的戰略要有創意，必須增加中國對武統臺灣的不確定性，使北京當局選擇不要出兵臺灣。因此從嚇阻的角度來看，我認為排除『美國攻打中國本土』的政策選項並不明智，這個選項應該持續納入考量。」

德普圖拉承認，若臺海真的發生戰爭，雖然美、日、臺聯手能擊退中國，但在戰後，美國身為世界霸權的軍事與經濟優勢將不復存在。因此，美國現在就應該要持續增進對中國的戰略嚇阻能力，以確保若戰爭真的開打時，美國能大獲全勝，並將損失降到最低。

若美國希望減少己方傷亡，就應當不單單向臺灣出售防禦性武器，還要出售能讓中國忌憚的攻擊武器。當代高科技戰爭，不再是一戰時那種戰壕對峙，前方與後方再無明顯區分。臺灣自身已具備在防守的同時反擊中國本土的能力，美方可供應臺灣更多先進飛彈，或幫助臺灣研製更為精良的飛彈，讓臺灣遭到中國飛彈或戰機攻擊時，有權利也有能力以牙還牙，對中國本土發動反擊。

比方說，如果臺北、高雄、臺中大城市遭到中國攻擊，臺灣可攻擊中國更大的城市，給對方帶來更大的傷亡，譬如：廈門——廈門距金門島只有約十公里，一旦開戰，從金門直接用遠程火砲，也能把廈門變作一片火海；北京——若中國攻擊臺北，臺灣應以對等手段攻擊北京，臺灣發展雲峰飛彈的目的，就是要讓射程覆蓋北京；上海——上海是中國第二大城市，當然是重點攻擊目標，上海距離臺灣只有約七百公里，除了雲峰飛彈，雄風飛彈亦能覆蓋，據說雄二E對地飛彈是專為上海而準備的，射程一千兩百公里；廣州——廣州是中國南方重要的經濟城市，距高雄約八百公里，用雄風飛彈同樣可覆蓋。另外，中共耗費巨資修建的世界上最大水壩——三峽大壩

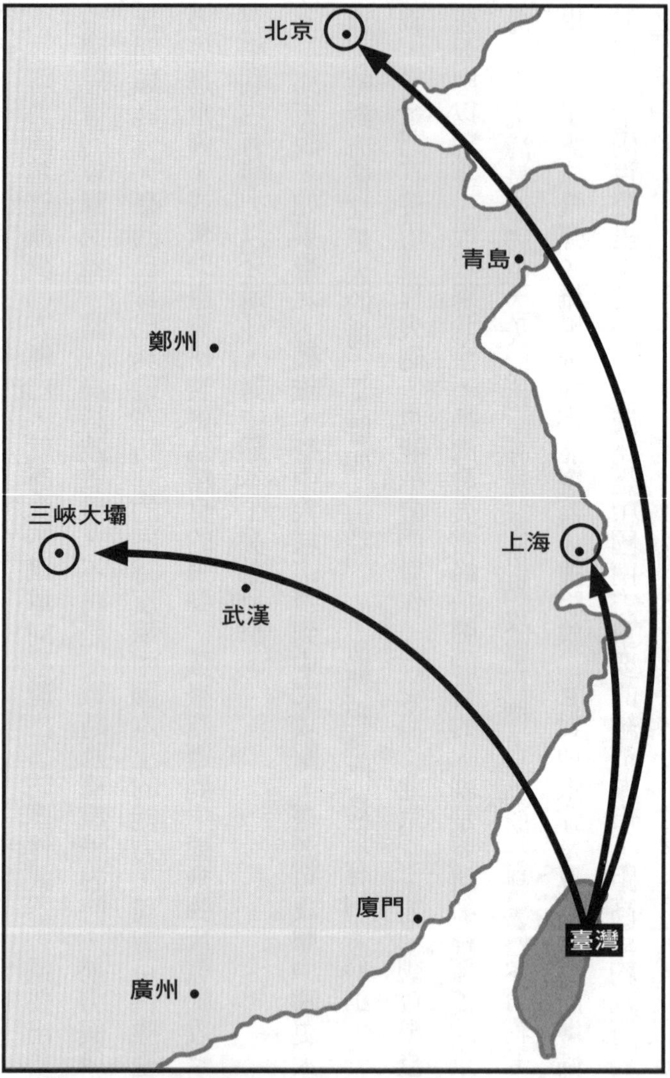

▲ 臺灣的雲峰及雄風飛彈射程，可覆蓋北京、上海、三峽大壩等城市及重要建設。

——也是攻擊目標之一，炸毀三峽大壩，將讓中國南方數省陷入癱瘓狀態。

臺灣擁有核武，會降低中共犯臺機率

另外，美國應當對臺灣研發核武器解禁。過去，美國在此問題上犯了重大戰略錯誤。一九七七年，美國駐華大使安克志（Leonard S. Unger）奉國務院之命，口頭與書面要求蔣經國停止研發核武，臺灣因此被迫終止重水反應爐研究計畫，但以發展核電為掩護的國家中山科學研究院核能研究所（簡稱中科院核研所），仍為核武之路保存一線生機。然而，一九八八年一月，身為核研所副所長的張憲義叛逃美國，將臺灣的核武器研究計畫向美方全盤托出。同年一月十五日，蔣經國病逝後兩天，在毫無預警的情況下，美方會同國際原子能總署，直搗桃園縣龍潭鄉佳安村，闖入大門緊閉的中科院核研所，拆除相關設施、抽乾重水式核子反應爐、強行灌漿後封閉實驗室、裝船運走六百多支核燃料棒。一九六〇年代以來、在明暗之間起伏跌宕、長達近三十年的臺灣核武發展之旅，就此烙印下句點。

張憲儀晚年在美國接受中研院近代史研究所陳儀深訪談，並出版《核彈！間諜？ＣＩＡ：張憲義訪問紀錄》一書。他在書中強調，自己頂多算是背叛老長官郝柏村，絕對沒有背叛國家。他聲稱自己是一心追求和平、維護人民最大利益的愛國者，但實際上，他是讓臺灣多年心血功虧一簣、置臺灣於軍事險境的叛國賊。

若臺灣擁有核武器，中國對臺動武的可能性將大大降低。核武器固然不祥，卻是防止戰爭的法寶，冷戰四十年未能演變為熱戰，重要原因就是有核威懾的存在。美國智庫「國際評估與戰略中心」資深研究員費學禮（Richard D. Fisher, Jr.）建議，美國應該啟動一個應急計畫，重建其戰區核武力，包括戰術核砲彈、戰術核彈、巡弋飛彈掛載的戰術核彈頭，以及新的短程至中長程彈道飛彈。其中最重要的是低當量戰術核砲彈，美國曾在歐洲和亞洲部署這種戰術核砲彈，直到老布希和柯林頓（Bill Clinton）政府決定將其退役，並予以銷毀。

川普政府時期，美國發展可裝載戰術核彈頭的戰斧巡弋飛彈（Tomahawk cruise missile），拜登（Joe Biden）政府在二〇二二年決定放棄，費學禮認為：「這是一個戰略錯誤，此舉只會誘使中國提早對臺灣發動戰爭。」他呼籲，美國可以將這些戰術核砲彈祕密部署到臺灣，或將其祕密存放在非常靠近臺灣的水下彈藥庫。

臺灣若擁有核武，存而不用，自身安全係數將大為提升，就像普通美國公民擁有槍支一樣，美國憲法保障公民的持槍權，是保障公民的自衛權。在一個並不完美的世界上，不能讓壞人擁有的殺傷性武器超過好人的，那樣壞人就會更肆無忌憚的作惡。反之，若好人擁有的殺傷性武器，超過或至少對等於壞人所有的，壞人就不至於張牙舞爪。

第八章

中國有邦交國缺盟友，臺灣有盟友缺邦交國

臺灣是民主成功的故事、可靠夥伴及良善的力量。

——美國前國務卿　蓬佩奧

1 中國沒有真正的盟友

從百年來世界上的三次角逐來看，結盟關係是現代國際競爭成敗及戰爭勝負之關鍵：一戰中，協約國對抗同盟國；二戰中，同盟國對抗軸心國；冷戰中，北約對抗華沙公約組織（Warsaw Pact），皆是如此。

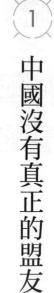

總體而論，盟友較多、較強的一方取勝；政制上為民主自由國家的一方取勝；掌握海權的一方取勝；英美普通法系和清教秩序的一方取勝；地理上為西方，或更接近西方的國家取勝。當下的新冷戰或未來的新熱戰（由臺海衝突引發第三次世界大戰），其結局也將遵循此一規律。

中共必敗，因為中共在政制上是專制獨裁國家，在地理上是東方國家，也是陸權國家和敵基督的國家。而且，比起一戰中的同盟國（主要是德意志帝國、奧匈帝國和鄂圖曼土耳其帝國）、二戰中的軸心國（主要是納粹德國、法西斯義大利、軍國主義日本），及冷戰中以蘇聯為首的東方共產黨國家陣營，現在的中國更孤立無助，缺乏盟友是其最大軟肋。

百年來，從未有過一個大國像今天的中國一樣，不僅是西方民主國家的敵人，也是絕大多數發展中國家、第三世界國家的敵人，甚至隱然成為全球公敵。法國巴黎高等商學院歐亞學院院長亞克．格拉弗羅（Jacques Gravereau）指出：「中國不會成為二十一世紀的超級強國。中國的人口危機、科技創新步伐仍遠遠落後美國、猖獗的貪腐風氣扼殺著黨和社會、軟實力嚴重缺乏，以及它在世界局勢中依然孤立無援，這些都意味著，中國無法成為真正領導世界的強國。世界上其他國家都不會支持那疑雲密布的中共價值。」

大哥不信任中共，小弟都是酒肉朋友

中國與俄羅斯之間臭味相投的夥伴關係，因俄羅斯在烏克蘭戰爭中失利而蒙上一層陰影。習近平上臺後，首訪國家是俄羅斯，他諂媚的告訴普丁，「我跟您最相似。」瘦死的駱駝比馬大，中國對俄羅斯的軍火、石油和天然氣等存在巨大需求，普丁仍可對習近平擺出一副高高在上的姿態。

俄羅斯入侵烏克蘭，中國期盼俄羅斯速戰速決，使此戰成為日後入侵臺灣的樣板。但事與願違，俄軍在前線屢屢受挫，被迫從全面進攻轉為重點進攻，又轉入戰略防守。隨着西方制裁影響加深，和俄方武器與軍事科技等短板暴露，為了緩解從政治到經濟，再到前線戰場面臨的壓力，俄方迫切希望中國與之形成戰略捆綁，一起對抗美歐。

二〇二二年九月習普會前夕，俄方故意流傳出習近平的副手、中國人大委員長栗戰書在俄羅斯國家杜馬（按：俄羅斯的下議院）的一段閉門談話影片，栗戰書談到，對俄烏戰爭，「中方理解並支持，而且從不同的方面給予『策應』。」此談話一經披露，國際輿論譁然。因為「策應」一詞有「兩軍相呼應，協同作戰」之意，與一般的協助意思相去甚遠，儼然證實中國對俄羅斯的盟友關係。俄羅斯刻意操作，營造一種中國願意為俄羅斯輸入戰爭能量，並與西方進行集團對抗的假象。

俄羅斯火中取栗，中國則見風使舵。二〇二三年一月九日，中俄外長新年後首次通話。剛剛由駐美大使升任外交部長的秦剛說：「中俄關係建立在不結盟、不對抗、不針對第三方的基礎上，我們願同俄方攜手落實兩國元首重要共識，不斷將中俄關係推向前進。」中方已拋棄以往「三沒有」原則——「中俄合作沒有止境、沒有禁區、沒有上限」。昔日提出「三沒有」原則的戰狼外交官都已遭貶謫，中方不會與敗相漸呈的俄羅斯結盟。

中俄貌合神離。法國戰略專家布魯諾・特爾特雷（Bruno Tertrais）指出：「中國與俄羅斯同一陣營，但非結盟國。中俄沒有共同防禦戰略。」中國不敢因俄烏戰爭與西方撕破臉，至少在表面上遵守西方的若干制裁規定。中國沒有向俄羅斯提供武器和軍事援助，甚至比不上北韓——北韓向俄羅斯出售一批武器，還派出數百人的志願軍。俄羅斯不會忘記中國的臨陣退縮，未來若中國向臺灣動武，俄羅斯不會提供實質性支援。

中國聲稱，與北韓有著「鮮血凝成的傳統友誼」，北韓算是中國的盟友，兩國確實簽署過盟約。但北韓金家三代統治者與中國各懷鬼胎。韓戰中，北韓政權靠中國出兵才倖存下來，但金日成仍對中國充滿猜忌，戰後迅速清洗勢力龐大的「延安派」，在中蘇論戰中也保持中立。

北韓現任統治者金正恩將中國視為比美國還危險的敵人。蓬佩奧在回憶錄《決不退讓》（*Never Give an Inch: Fighting for the America I Love*，暫譯）中寫道，二〇一八年三月，他以中情局局長身分祕密訪問平壤，對金正恩說：「中共一直表示『駐韓美軍離開韓國後，金委員長會感到非常幸福』。」然而，「聽到這句話後，金笑了，大叫『中國人都是騙子』，興奮的捶著桌子。」金正恩說，他需要韓國國內有美國人，而中共為了像對西藏和新疆一樣對待朝鮮半島，才呼籲美國撤軍。蓬佩奧寫道：「金正恩需要得到（駐韓美軍的）保護。我低估了這一點對他有多重要。朝鮮人根本不討厭美國在韓半島增強導彈和地面戰鬥力。」

韓國前國家情報院院長朴智元亦證實，金正恩希望美軍駐紮在韓國是事實：「（金正恩的父親）前朝鮮國防委員長金正日也曾如此。」朴智元在一檔韓國媒體節目上稱：「二〇〇〇年六月十五日南北首腦會談時，金正日就曾對前韓國總統金大中表示，『為了維持東北亞的勢力均衡，即使朝鮮半島統一，駐韓美軍也要駐紮在朝鮮半島。』他非常不信任中國、俄羅斯和日本，尤其對中國的不信任程度極高。這與金正恩的言論完全一致。我當時就在旁邊聽見了。」

中國的其他「小兄弟」，如巴基斯坦、伊朗、敘利亞、古巴等，都是國際上臭名昭著的「邪惡國家」，與中國的交往只是利益的吸引、是酒肉朋友，一旦失去共同利益，交情立即土崩瓦解（中國因拉攏沙烏地阿拉伯，就引來伊朗的抗議），它們亦無實力和意願在戰爭中支持中國。

二十一國聯合軍演，中共在亞洲強到沒朋友

中國若對臺動武，受影響最大的是東南亞國家。近年來習近平利用「一帶一路」向多個東南亞國家投資，如同釣魚，讓對方陷入債務危機，乃至經濟困境，如斯里蘭卡等國被迫將港口出租給中國，由此引發政治危機和社會動盪。

越南、寮國是該區域內最後兩個共產黨國家，但他們不願受中國擺布。為抗衡中國，越南寧願與美國交好。從二〇〇一年開始、由美國牽頭的「東南亞合作訓練」，

參與國越來越多。二〇二一年，參加軍演的國家，包括美國、英國、澳洲、孟加拉、汶萊、加拿大、法國、德國、印度、印尼、日本、馬來西亞、馬爾地夫、紐西蘭、菲律賓、韓國、新加坡、斯里蘭卡、泰國、東帝汶和越南等二十一國。

位於南亞的印度，是中國在亞洲大陸最強勁的對手。前《經濟學人》（*The Economist*）總編輯比爾・艾摩特（Bill Emmott）在《較勁：中國、日本、印度三強鼎立的亞洲新紀元》（*RIVALS*）一書中指出，儘管印度目前的人均收入只有中國的三分之一（中國的數字有相當大的灌水成分），但印度既有言論自由，也有法治，印度的民主也是來真的。以人口而論，印度是世界上最大的民主國家；而且，印度的人口已超過中國，且有最多的年輕人口。在「龍象之爭」中，已有越來越多人看好印度。受過中國侵略的印度，不會認為中國是好鄰居。

曾任印度外交部長、聯合國副祕書長的塔魯爾（Shashi Tharoor）指出：「中國就坐在印度的邊境上，還會向我們的脖子噴火。」他敦促印度須「意識到與其他國家合作的必要性，以遏阻中國過於自負的野心」，並呼籲將澳、印、美、日的四方安全對話「Quad」（Quadrilateral Security Dialogue）擴大為「Quad Plus」，讓對於中國炫耀武力行為有類似擔憂的東南亞國家也加入其中。

美國提出「印太戰略」取代「亞太戰略」，明顯將「印」置於「太」之前，凸顯印度地位之重要。澳洲國家安全學院院長羅里・梅卡爾夫（Rory Medcalf）在《印太競逐》（*Contest for the Indo-Pacific: Why China Won't Map the Future*）一書中指出，印太地區的國家都面臨二十一世紀最兩難的困境：在不屈服或衝突的情況下，這些國家如何回應強大且經常擺出高壓姿態的中國？印太這個名詞，是針對正在崛起的中國發出的一項訊息，警告中國，它不能期望其他國家會接受，中國是此地區和世界的中心這種自我意識。美國安全思想家科麗・舍克指出，在美國的幫助和支持下，該地區的中等強國完全有能力站出來，團結且守住戰線，對抗中國，維持基於規則的自由秩序。僅日本、印尼和印度三國加起來，無論在GDP、軍費還是人口數上，都可遠超中國，若再加上澳洲、紐西蘭、南韓，更可維持對中國壓倒性的優勢。

剛愎自用的習近平已然進入希特勒統治末期的癲狂狀態，認為「偉大復興」的中國將統治世界，他不需要盟友，只需要附屬國。天真的德國學者葛爾拉賀（Alexander Görlach）曾與一位歐洲議會議員討論，認為德國是中國的長期合作夥伴，前德國總理梅克爾（Angela Merkel）在中國享有一定的尊重，德國或許可以在中美爭端中發揮調解作用：「中國會想在世界上至少留一個朋友。」但議員立即打斷他的話：「不，中國的領導階層顯然不打算這樣。中國當前的意識形態已經轉型了，國家已經法西斯化了。」

2 日本，臺灣第二盟友

中共敵人遍天下，臺灣朋友遍天下。臺灣的第一盟友是美國，第二盟友是日本。戰後，日本對中國實行「低頭外交」，因擔心引起中國反彈，臺日關係脆弱，僅僅保持以經濟、文化為中心的非正式關係。然而，日本因戰爭歷史而對中國唯唯諾諾，長期對中國的友善政策包括大量經濟援助，並未換來中國「投之以桃，報之以李」，中共在國內宣傳中仍頻頻煽動反日的民族主義情緒，將日本當做英國左翼作家歐威爾（George Orwell）所說的「公共汙水溝」。

日本學者中西輝政認為，中日關係的困境源於「文明史因素」——日本與中國具有截然不同的文明系統，若不能意識到這一點，雙方的對話只會雞同鴨講。中國有改革開放、經濟成長等「國策」，但更有與國策不同層次、絕對不可動搖的「國是」，比如事關「國家統一」、共產黨「一黨統治」的臺灣問題，以及對日關係中的「歷史認知」等。不論「國策」如何重要，當遇到有可能動搖到「國是」的狀況時，不論對「國策」造成多少損失，也絕對要以「國是」為優先——這就是中共悍然發動天安門屠殺的原因。

中西輝政指出，之所以形成這樣的現狀，並非只是現在中國採取社會主義制度這般簡單的理由，「所有的中國王朝，都是藉由革命而形成的『剛性國家』。」換言之，「作為帝國的中國」，不是「一般國家」或「正常國家」。舉例來說，中國的國境觀念完全不符合現代國際法的規定，可以堂而皇之的宣稱國際海事法庭的判決是「一張廢紙」，因為根據中國認定的、高於國際法的「中華秩序膨脹理論」，中華秩序沒有邊界，一旦中國的國力強盛了，就會以「文明理論」來拓展邊界，比如，將朝鮮半島由接受冊封的藩屬國，變成郡縣制下的直轄地。

中共刻意渲染近代以來被日本侵略的悲情，悄然制定一系列報復計畫，包括對日本動武。在《紅星照耀太平洋》一書中揭露，中共中央黨校國際戰略研究所副所長宮力毫不掩飾的宣稱，中國不只要控制第一、第二島鏈，還要以夏威夷為中心來分割太平洋。日本戰略論壇評論說：「在歷史上，中國不存在國界的概念，中國人認為，只要是力量所及的範圍，都可以算是中國的版圖。」既然中華民族的「偉大復興」，最終唯有依靠武力追求持續擴大霸權主義，日本必然成為其野心的犧牲品。

臺灣有事等於日本有事，更是日美同盟有事

日本終於從對中國一廂情願的幻想中驚醒。二〇〇七年，自民黨在年度大會中通過「運動方針」，倡導「有主張」的外交，在亞洲爭取外交主動權。安倍政府振興國內經濟初見成效後，提出新戰略外交、價值觀外交與積極和平主義。

美國權威的日本研究專家麥可．葛林（Michael J. Green）在《安倍晉三大戰略》（*Line of Advantage: Japan's Grand Strategy in the Era of Abe Shinzō*）一書中指出，由安倍主導的日本戰略轉型及國家變革，乃是回應中國崛起後的擴張及稱霸野心。安倍戰略的海權思想，主要來自戰後學者高坂正堯與岡崎久彥的「現實主義海洋戰略」。透過此一思維，雖然日本仍然將大陸國家（中國、俄羅斯）視為假想敵，但不再採取

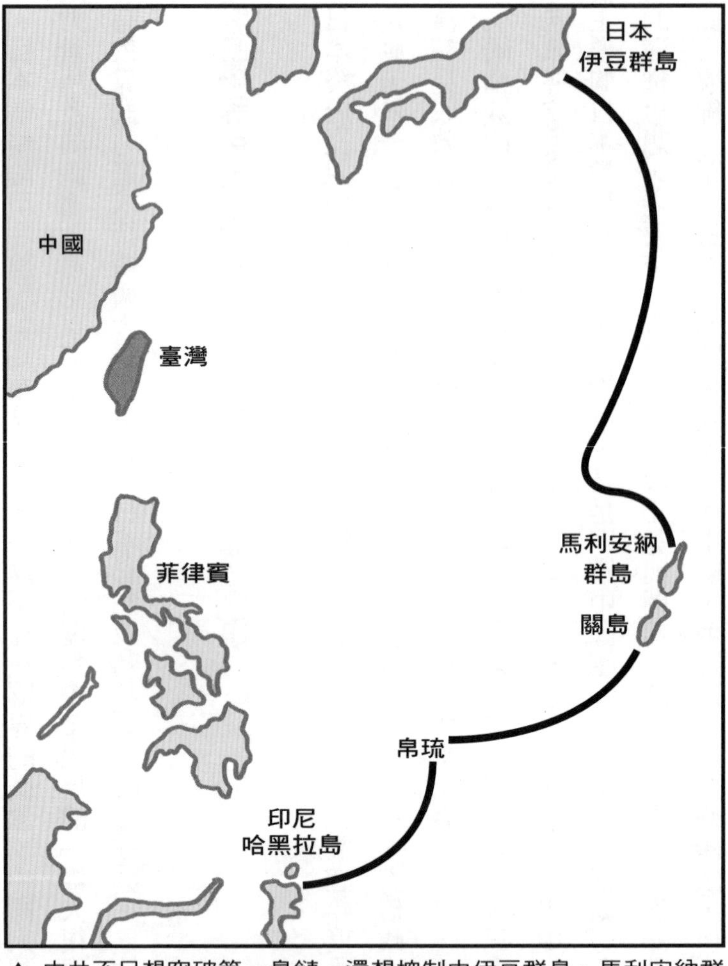

▲ 中共不只想突破第一島鏈，還想控制由伊豆群島、馬利安納群島、關島、帛琉、哈黑拉島等地串連的第二島鏈。

過往的陸地競逐模式，而是更看重海洋防線的鞏固，以及與國際盟邦的連結。

早在二〇一五年冬，川普勝選後，第一個在私宅會見的外國領導人即是安倍晉三。川普一開始並未將對華政策作為施政重點，但安倍向川普全面介紹，極權中國對日本、美國和西方世界造成的巨大威脅——這種威脅超過昔日的蘇聯。正是安倍的建議，促成美國的重大戰略轉向。

安倍重視國防議題，繼承其外祖父岸信介的「鷹派強國論」，希望日本由「戰敗國家」成為「正常國家」。他推動國會通過《日本和平安全法制》，擴大集體自衛權、放寬派遣自衛隊空間。自衛隊在法律上能與美國軍隊合作，擁有攻擊敵方基地的能力。安倍還設置「國家安全保障會議」，增強防衛指揮系統的統合，將防衛廳升格為防衛省，並增強釣魚臺列嶼和琉球群島防衛部署。他還表示，使用小型戰術核武器和洲際彈道飛彈並不違反憲法。

為實現日本的海洋戰略目標，安倍推動各種外交行動，如第一次任期的「四方安全對話」及「自由與繁榮之弧」，第二次任期的「自由開放的印度－太平洋」，積極尋求具有共同民主價值觀的重要國家之合作。「安倍晉三認為，日本應該作為一個負責任的海洋國，不應該像中國一樣，在東亞進行陸權獨裁政體的霸權行為。而日本選擇海上路線，讓這個國家可以配合美國的亞洲防衛政策，扮演更重大的戰略角色。」一短短數年間，安倍加強外交關係的「俯瞰地球儀的外交」已然生效：今天世人眼中的日本，不再是一個逃避戰敗歷史的國家，而是國際自由秩序的重要保護者。

「臺灣有事等同於日本有事，更是日美同盟有事。」是安倍發表於二〇二一年的宣言，更是安倍大戰略的最佳注解。「臺灣有事」源自於日本在討論《美日安保條約》時，從「周邊有事」所延伸過來的詞彙。安倍不只明確表達美日同盟捍衛臺灣安全的立場，更凸顯維護臺海和平不再只是美國的義務，也成為日本的國家利益所在。

面對中國稱霸的野心，臺灣及日本透過安倍大戰略的連結，已經形成新的命運共同體。當前，有逾九成的日本民眾認為，日本應針對「中國造成臺灣有事」做好準備。這一切都在在提醒，「臺灣有事」已成為日本需要關注的重大安全議題，是日本不再能忽視的狀況。

日本參與「五眼聯盟」，臺灣將成為印太樞紐

二〇二二年夏，安倍遇刺身亡，這一事件是安倍個人的悲劇，卻將安倍的政治遺產和思想遺產聖化，觸動更多日本民眾思考和認同。安倍遇刺、俄烏戰爭日益血腥、中國病毒禍害世界，使印太地區一個以日本為中心的巨型戰略計畫，得以加速推展。

二〇二二年，日本內閣時隔近十年對《國家安全保障戰略》進行實質性修訂，首度將中國定義為日本「前所未有的最大戰略性挑戰」，並接連出臺《國家防衛戰略》、《防衛力整備計畫》和二〇二三財政年度預算草案，針對其新戰略定位，採取具體政策措施。特別是繼續大幅推高防衛預算，使日本今後五年的防衛預算，比上個五年增長近六成。到二〇二七年，日本年度國防預算將增加一倍，從占國民生產總值的一%增加到二%，成為世界第四、印太第三軍事大國。

安倍的繼任者岸田文雄在國內繼續推動修訂「和平憲法」。日本新版的國安報告稱，日本尋求擁有對敵國導彈基地和指揮中樞的打擊能力。也就是說，當敵國要打擊日本，或日本發現自身有被打擊的跡象——透過各種偵查手段，發現有導彈要打到日

本，或從日本上空掠過時，日方可發射遠程巡航導彈，打擊敵國的首都和指揮中心。

美國智庫蘭德公司研究員林碧瑩指出，若臺海戰爭爆發，在臺灣周遭的國家之中，日本很可能會是一個願意出兵的關鍵國家。因為中國一旦併吞臺灣，馬上就會對日本的國家安全產生重大影響：解放軍可以把臺灣當成前進基地，對日本宣稱擁有主權的尖閣諸島（按：釣魚臺烈嶼）造成極大壓力。此外，臺灣落入中國掌控之後，除了中日之間的領土與領海更為接近，日本的海上貿易與能源運輸路線，也會受到中國的更大威脅。

日本已經展開積極行動。在外交上，第一步是強化美日同盟關係。日方計畫以美國作戰司令部為樣板，建立一個永久性的聯合作戰總部，統一指揮自衛隊的行動，並形成一個與韓國聯合部隊司令部直接相連的單位。這將使日本能與美韓軍隊協調，以確保日本的軍事行動與朝鮮半島同步。

其次，日本積極參與美國規畫的「四方安全對話」機制，這是一種「準同盟」關係，其針對目標不言而喻。同時，美國也在制定一個路線圖，加快將日本提升到「五眼聯盟」（按：由澳洲、加拿大、紐西蘭、英國、美國組成的情報聯盟）夥伴的地位，「五眼聯盟」未來可能拓展為包括日本的「六眼聯盟」。

第三，岸田文雄訪問英國時，與英國簽署《日英互惠准入協定》，允許兩國在對方境內部署軍隊。英國政府稱，這是「一個多世紀以來，英日兩國間最重要的防務協定」。日本媒體稱，該協議「具有里程碑意義」。日本更早就與澳洲簽署《互惠准入協定》。這樣，日本等於加入《澳英美三邊安全協定》，與美國、英國、澳洲成為可相互駐軍的軍事同盟國家。

透過一系列運作，以美日為核心的亞洲版北約呼之欲出。在美國和日本促成的這一重大戰略轉型，及其衍生的印太競逐中，臺灣將扮演不可或缺的角色。臺灣將不再是大國的棋子、中國霸凌的對象，而是可以把握這一戰略契機，成為印太之樞紐。

建構日美臺鐵三角，須有一部日版臺灣關係法

由日本戰略研究論壇成立的「臺日戰略研究會」在《粉碎中國野心：共建臺日聯合防線》一書中指出，與日本一衣帶水的鄰國臺灣，在地緣政治與戰略上對日本居於

重要位置，同時臺灣海峽是海上航路的輻輳要點，對日本或區域全體具有重要意義。假設臺灣在政治或軍事上完全被中國壓制，則日本不只在外交、經濟，甚至在軍事上都將蒙受重大打擊。因此，在臺灣周遭有事的情況下，日本應採取與美國相同的步調，為能軍事支援臺灣而採取行動。「穩定臺灣周邊局勢，對日本的安全和國際社會的穩定極其重要，」日本防衛省在年度白皮書中寫道，「我們有必要以前所未有的危機感，密切關注這一局勢。」

日本戰略學界普遍意識到，日本與臺灣在防衛上具有一體性。在二〇一二年中國政經懇談會上，中方表明，一旦臺灣獨立，中國一定會採取軍事行動，「將出海到臺灣東側五百至八百公里的範圍作戰」，且在回應日方的詢問時，多次確認該內容是認真的。

八百公里的距離套用在日本西南諸島，就是從沖繩南端開始到奄美大島、大東島都涵蓋在內，言下之意，就是只要臺灣有事，日本西南諸島將全部進入中國的作戰區，同時將大幅限制美國航空母艦的活動範圍。此時，中國為了取得在西太平洋的海上優勢，首先要取得在日本西南諸島的制空優勢，而為了取得該優勢，必須將西南諸島收編為空軍基地。因此，一旦臺海爆發戰爭，日本不可能隔岸觀火、獨善其身。如果再不重視「臺灣有事」，將來就一定會是「日本有事」。參與防衛臺灣的事務，現今已經是日本的核心利益。

對日本而言，臺灣的安全保障絕對不是別人家的事。日本西南諸島的防衛不單只是防衛一連串的島嶼而已，而是保護居住在國土上的一百五十五萬名居民。同時，如果可以阻絕中國的船艦或軍機自由進入太平洋，就是保護日本政治經濟中心的太平洋工業帶，也是阻止日本屈服於中國軍事威脅的重要防線。

《粉碎中國野心：共建臺日聯合防線》提到，「在這個意義上，第一島鏈就是一連串的『防衛城牆』。總之，對日本來說，島鏈封鎖就是阻止中國將東海、南海內海化，讓美軍可以安全集結部隊，對中國可以發動軍事作戰的『重要攻擊區』。同時也是藉由阻撓中國對太平洋的軍事進出，讓中國放棄挑戰美國或太平洋各國的軍事霸權野心的、自由與民主主義的「重要保護區」。」

既然美國與日本之間因《美日安保條約》而有同盟關係，美國與臺灣因《臺灣關係法》而結盟，那麼今後日本應當在外交、安保及國防上，盡可能與臺灣建立實質的

「準同盟」關係，進而建構日、美、臺的鐵三角合作關係。為達成此一目標，日本必須制定「日臺關係基本法」作為法源，至少應當有一部日本版的「臺灣關係法」。

日本政府和民間皆已確認，現在的臺灣，是與日本共同擁有自由與民主價值的國家，臺灣經過過去半個多世紀所建立的政治體制、經濟系統以及社會制度等，不管是哪個國家都應該予以尊重。同時，臺灣這個國家，比這個世界上的任何一個國家都喜歡日本，而且臺灣繼承日治時期的遺產，對日本來說是無可取代的「真正理解者」，同時也是「真正的友邦」。

3 嘗過共產黨恐怖滋味的，對臺灣最友善

西方民主國家大多是臺灣的朋友。但是多年來，部分西方大國因為與中國太過緊密的經貿關係，在人權問題上保持沉默，不敢對西藏、新疆、香港及臺灣議題發聲。反倒是一些中等國家和小國，不怕中國而與臺灣交好。近年來，澳洲與臺灣的關係突飛猛進。對澳洲來說，中國一旦統治臺灣，也代表解放軍直接進駐第一島鏈，讓中國對於整個印太區域的介入能力大為提升，澳洲自然深受威脅。此外，澳洲與日本可能都會將中國攻打臺灣看作是，北京對於印太區域的民主政體，和以規則為基礎的國際秩序構成嚴峻挑戰。澳洲與美國在二〇二〇年七月的外長與防長會議中，雙方再次確認了臺灣在印太區域的重要角色。

再比如，北歐國家普遍友臺。二〇二三年一月五日，前丹麥總理、前北約祕書長

拉斯穆森（Lars Løkke Rasmussen）以「民主聯盟基金會」主席的名義訪問臺灣，並召開記者會，強調不能姑息中國的威權主義擴張，針對中國潛在的武力威脅，歐洲國家可以提供軍事訓練，甚至與臺灣進行聯合軍演。面對中國可能的經濟報復，他建議北約可遵循「北約第五條」（任一成員國遭受攻擊將視為對整體的攻擊）的模式團結合作。他更表示，過去三十年來，臺灣發生巨大改變，不僅成為經濟強國，在全球供應鏈扮演關鍵角色，民主也開花結果，今日的臺灣對區域和全世界是自由燈塔。臺灣的民主轉型本身已讓人印象深刻，每天得面對一個擁有核武的鄰國威脅和挑釁，尤其令人驚嘆。

都嘗過極權統治的滋味，波蘭、捷克直接來臺相挺

在西方民主國家中，最敢為臺灣「路見不平、拔刀相助」的，不是法國、德國等西歐大國，反倒是波蘭、捷克、立陶宛等，代表「新歐洲」的東歐國家——他們嘗過共產黨統治的滋味，不願看到自由民主的臺灣淪喪於共產黨的魔爪之下。

二〇二二年十二月六日，由八位波蘭跨黨派眾議員組成的波蘭眾議院「波臺國會小組」訪問團訪問臺灣。訪問團團長安鄒（Waldemar Andzel）致詞時指出，當臺灣面臨來自中共的打壓時，波蘭的立場非常支持臺灣。波蘭議會成立波臺國會小組，已有九十四位成員。安鄒指出，波蘭與臺灣之間有許多共同點，彼此有相似的歷史與國際關係，都面臨著周遭國家強大的威脅——波蘭是來自俄羅斯的威脅，臺灣是來自中國的威脅。安鄒說，他已是第三次來到臺灣，臺灣是一個美麗的地方，有善良的人民，在自由、民主、人權上也都是國際典範。

二〇二三年第三十一屆臺北國際書展，波蘭是主賓國。在書展閉幕儀式上，波蘭圖書協會會長達魯斯．雅渥斯基（Dariusz Jaworski）有感而發表示，在全球緊張的局勢裡，文學是最好的救贖，「感謝臺灣這個特別有魅力、現代又勇敢的國家。」

捷克也是高調挺臺的中東歐國家。二〇二三年一月三十日，捷克總統當選人帕維爾（Petr Pavel）與蔡英文進行電話會議，雙方通話十五分鐘。這是繼川普當選總統後，第二位與臺灣總統通話的西方國家元首。帕維爾稱臺灣為可信賴的夥伴，支持臺灣維持具有活力的民主制度，「不受威權主義脅迫」。

東華大學助理教授馮儒莎（Zsuzsa Anna Ferenczy）評論說：「捷克當選總統與臺灣總統蔡英文的通話，在歐洲沒有先例。然而，必須在近年來臺北與布拉格雙邊交流逐漸加強，以及捷克國內對北京的負面看法越來越多的背景下，看待這一事件。」軍人出身、六十一歲的退役將軍帕維爾，曾任北約軍委會主席和捷克參謀總長，他的立場是親歐盟及北約，競選期間多次主張對莫斯科及北京強硬。他的當選，意味著捷克內部親中派的式微。

早在二〇二〇年八月，捷克參議院議長韋德齊（Miloš Vystrčil）即率領代表團訪臺，中國試圖施壓阻止而未能成功。韋德齊的前任柯佳洛（Jaroslav Kubera）原定當年二月訪臺，但在出發前心臟病突發猝逝。彼時捷克媒體爆料，柯佳洛心臟病發作的前幾天，中國駐布拉格大使館曾發信威脅他若執意訪臺，在中國的捷克企業將會為此付出「慘痛代價」。這封原本屬於機密的威嚇信曝光，在捷克引發騷動，柯佳洛親屬指責中國威脅導致他心臟病突發。此一事件更堅定韋德齊訪臺的決心，並在臺灣立法院發表演講，是立法院睽違四十五年後，再度有外國議長發表演說。

韋德齊在演說中指出，議會除了通過法律之外，也要捍衛民主原則；而捍衛民主原則，就等於捍衛社會的自由民主精神。他堅信每一位民主主義者，有義務支持所有捍衛民主原則、建造民主的人。作為國會外交關係代表，能訪臺交換經驗、互相支持、擴張彼此合作，他感到十分榮幸。最後，韋德齊引甘迺迪在西柏林演講時「我是柏林人」的名言，並以中文表示「我是臺灣人」，藉此向臺灣人民表示支持。

立陶宛：熱愛自由的人們應該互相照顧

在中國病毒肆虐全球、情形最嚴峻的時刻，人口不到三百萬的波羅的海國家立陶宛，自身疫情比臺灣嚴重，卻向臺灣捐贈兩萬劑疫苗。一九八二年出生、年輕英俊的立陶宛外交部長藍柏吉斯（Gabrielius Landsbergis）在推特上發文表示，「雖然數量有限，但我很驕傲我們能和臺灣人民團結一致對抗疫情。」他的推文中還寫著：「熱愛自由的人們應該互相照顧！」

二〇二〇年十月，在大選中獲勝的立陶宛新政府，對外交政策做出修改，強調「以價值觀為基礎的外交政策」，積極推動對臺外交，聲明支持「為自由而奮鬥的臺灣」，對中國立場轉趨強硬。次年五月，立陶宛正式宣布退出中國主導的「十七加一」集團（按：中國與中東歐地區十七國的經貿合作），並呼籲其他歐盟國家跟進，退出這個由中國發起、與中東歐國家跨區域的合作機制。藍柏吉斯說，「十七加一」是一個「製造分化」的機制，歐洲應當從「十六加一」變成「二十七加一」，即歐盟一致對中國實行強硬的人權外交。同時，立陶宛議會通過一項決議，確認中國在新疆的政策是「種族滅絕」。

此後，臺灣在立陶宛首都維爾紐斯設立「駐立陶宛臺灣代表處」，這是臺灣被中國撬掉多個邦交國之後，外交上的一大突破。同時，藍柏吉斯表示，為了「避免在經濟上的依賴，導致在政治上受制於中國」，該國規畫在臺灣等東亞國家成立代表處，多元化經營印太地區。

立陶宛政界人士表示，「已做好受中國打壓的準備，不會向中國低頭。」立陶宛抗拒中國軟硬兼施的堅韌與勇氣，讓首鼠兩端、偽善貪婪的德、法等歐洲大國黯然失色。英國《泰晤士報》（*The Times*）專欄評論指出，立陶宛對抗中國及獨裁統治的作為，值得各國學習，自由民主世界應對遭中國施壓的立陶宛提供更多實質支持。

立陶宛跟臺灣不是第一次相遇。臺灣曾效仿立陶宛經驗，展示獨立意志。二〇〇四年二月二十八日，李登輝為捍衛本土政權，挺陳水扁連任總統，登高一呼，出面整合民進黨、台灣團結聯盟及本土社團，成立「手護臺灣大聯盟」，仿效波羅的海三國當年爭取獨立的「自由人鏈」活動，發動百萬人民站出來、向國際社會發聲的「二二八牽手護臺灣活動」，全臺兩百萬民眾手牽手排列成長約五百公里人鏈，宣示捍衛家園。李登輝在壓軸演說中表示：「這是我有生以來最感動的時刻！」這個面對中國威脅、人民展現保衛家園決心的牽手護臺灣運動，賦予二二八受難日新的意涵。

二〇二一年三月，立陶宛成立友臺組織「立陶宛－臺灣論壇」。論壇主席、前國會議員斯特波納維丘斯（Gintaras Steponavi ius）表示，立陶宛的目標不僅是成為區域的民主中心，還希望擴大全世界民主和自由的空間。立陶宛有反抗蘇聯極權、重獲民主自由的歷史經驗，對於臺灣受到中國武力威脅，特別能感同身受，願努力幫助臺灣完全融入國際社會。立陶宛不僅幫助臺灣，還幫助香港。立陶宛副外相對記者明言，只要香港人想移民立陶宛，到大使館提出要求，即使沒有護照在身，立陶宛政府亦會協助批出旅遊簽證，由於立陶宛是歐盟成員國，故能為港人移居歐洲開啟一道方便之門。

美國《外交家》（*The Diplomat*）雜誌指出，立陶宛曾遭蘇聯併吞，它擺脫共產極權、爭取民主人權和獨立的過程，與臺灣十分類似，故而兩國惺惺惜惺惺。國家與國家之交往，除了利益之外，更重要的是價值，前者短暫而多變，後者持久而穩定。立陶宛與臺灣同樣身居捍衛民主自由體制的戰略前線，同樣面對獨裁政體最立即、最近距離的威脅——俄羅斯從未放棄再度吞併立陶宛的野心，立陶宛對白俄羅斯民主運動大力支持，讓普丁和白俄羅斯獨裁者盧卡申科（Alexander Lukashenko）如芒在背，恨不得將立陶宛化為齏粉；中國也從未放棄將臺灣納入其版圖的野心，而臺灣對香港抗爭者的支持，讓獨裁中國寢食難安，企圖將臺灣變成第二個香港，將其緊緊抓在龍爪之中。

立陶宛經驗——乞求和耍嘴皮無法換得自由

立陶宛不是為奴之地，而是自由之地、獨立之地。為奴之地，遍地是行屍走肉；

自由之地和獨立之地，則處處是英雄好漢。立陶宛當初成功從蘇聯近半世紀的殖民統治下獨立，除了利用蘇聯共產制度無以為繼、多民族帝國即將解體的歷史契機之外，更取決於它數十年如一日、不屈服的反抗意志。這一點值得臺港熱愛自由的人們深思和學習——自由不是從天而降的餡餅，更不可能靠下跪、乞求和動嘴皮子獲得，在爭取自由的道路上，從來不乏流血犧牲。

立陶宛是一個不屈服的小國。面對納粹德國和共產蘇聯大兵壓境時，立陶宛人殊死抗戰，將其家園打造成「帝國的墳場」。二戰後，蘇聯拿下東歐的過程一點也不和平，尤其是波羅的海三國的反抗最為激烈。根據瑞典的情資報告，立陶宛擁有「在所有反共游擊隊團體裡，組織性最強、訓練最有素、紀律最嚴明的人員。」

英國歷史學家齊斯・洛韋（Keith Lowe）指出，這支沒有得到西方國家足夠支持、孤軍奮戰的游擊隊，被稱為「森林兄弟」（按：因利用鄉間密林作為天然屏障和基地而取名），參加過立陶宛反抗運動的人數有十萬之眾，蘇聯用百萬大軍鎮壓他們。戰鬥持續到一九六五年，立陶宛最後兩支游擊隊被軍警包圍，為了免於被俘，他們選擇舉槍自戕。立陶宛最後一位游擊隊員史岱西斯・貴嘉（Stasys Guiga）在一名村婦的掩護下，足足躲藏三十年，直到一九八六年死去時都沒有被抓。

這些森林兄弟們明知不可為而為之、雖千萬人吾往矣的拚搏，不是絕望的悲劇，而是通往自由的血路。他們的結局是全軍覆沒，還連累很多村落遭到蘇聯軍隊、比納粹親衛隊更殘暴的格別烏剿滅，但他們的戰鬥和犧牲成為民族歷史長河中的一段，這個故事終於在立陶宛等波羅的海三國獨立建國後寫完。三國的民眾回首過往，對森林兄弟所做過的一切凝望，覺得那是值得追求的理想，游擊隊也成了民族驕傲的濫觴。

讓蘇聯解體的第一塊骨牌，從立陶宛啟動。中世紀末期，立陶宛和波蘭已建立歐洲最早擁有成文憲法的聯邦國家。後來，該國被俄羅斯帝國吞併，但立陶宛人沒有忘記自由的滋味。如今，立陶宛對臺灣雪中送炭，就是彼此勉勵、彼此守望，踐行「不自由，毋寧死」的崇高價值。

「熱愛自由的人們應該互相照顧！」這句話將讓臺灣獲得不計其數的朋友。

4 中共最大的敵人，自家人民

在國際上，中共政權是四面楚歌的「光棍」，是孤家寡人。那麼，在中國國內，中共政權真的擁有全世界最高的民意支持度嗎？

在中共眼中，最大的敵人不是美國、不是日本、不是「亡我之心不死」的西方帝國主義，而是本國人民。一群手持白紙抗議的大學生和民眾，就讓習近平心驚膽戰，數十名白紙抗議參與者被捕入獄，音訊全無。

用兩億元控制一個盲人律師，但有女大生活活餓死

中國的維穩經費多年都超過軍費。據《日經亞洲評論》報導，二〇二〇年，中國

以公共安全支出為名的維穩經費達兩千一百億美元，不但十年內成長逾一倍，且高出同年的軍費。中共對社會的控制超過歷史上任何一個朝代，也超過世界上其他極權國家，如納粹德國和蘇聯。

該報導以村鎮銀行風波為例指出，河南村鎮銀行爆發弊案後，許多存戶只是打算拿回存款或上街陳情，手機上追蹤防疫足跡的「健康碼」突然就被顯示為「紅碼」，進而被限制行動。上海公安局在全市所有住宅區和商業大樓安裝監視攝影機，拓展監控系統覆蓋範圍。上海執行封城政策之際，亦發生穿戴全套防護裝的警察強闖民宅，逮捕拒絕接受驅離住戶的情事。

香港政治評論家林和立指出，有中國媒體披露〈圖解「國家帳本」〉數據，維穩實際支出占全國一般公共預算支出的近六%，遠高於公開的軍費。「維穩費主要用來構建世界首屈一指的警察國家機器，目的是維持中共作為中國永久執政黨，與習近平有生之年作為黨的『永遠核心』地位」；用「高科技防控機器可以對所謂『新黑五類分子』，包括異見人士、維權律師、工運領袖、地下宗教人員等進行二十四小時監控」；從支出可見，「中共警察國家機器如何無孔不入！」

他也指出，中國在新疆、西藏及其他地區建立「洗腦基地」，研發人工智慧、機器人科學與腦神經科「療效」的「改造思想模式」的軟硬體、民間間諜網與各網路合作監控等，這些大量支出的費用，都不含在已曝光的維穩費中。

為何會出現「全民皆敵」的狀態？德國之聲在〈「假想敵時代」，北京安全支出驚人〉一文中指出：「這些問題都是他們自己造成的，強拆、強徵、強行下崗，他們一貫的思維是鎮壓這些問題，現在壓不住，又用軟禁兼施的辦法，比如兩會時很多人被軟禁、被旅遊……這些都要花錢，都是老百姓的血汗錢。」該報導稱，警察機關以「國家安全」為名，透過特別的權力尋租（按：政府官員或其他掌權者利用權力獲取不正當利益）方式向國家要錢，在周永康掌舵政法機關時代，這種情況到了「登峰造極」狀態：政法體系打著「維穩」名義，給自己撈取好處，誇大維穩難度，泡製出越來越多「假想敵」，造成安全方面驚人支出。

一個典型例子是，為了控制盲人律師陳光誠，從二〇〇五年八月至二〇一二年五月，山東沂南縣政府配備了一支堪稱「正國級」（按：中共中央政治局常務委員會一級的最高領導人）的監視隊伍：陳光誠家門外一個監視點，村外還有兩個監視點，三個監視點共有五、六十人，二十四小時全天候、常年看守。從縣裡、鄉裡到村裡，看守陳家的有村、鄉、縣幹部，有民兵、警察，還有領薪的村民，共好幾百人。僅二〇〇八年，當局用於陳光誠一家的維穩費約為人民幣三千多萬元，二〇一一年已膨脹到六千萬元。依此計算，幾年來單單為「對付」陳光誠，維穩費已超過兩億元。偌大的中國，被「維穩」工具壓迫的又豈止一個陳光誠？

北京清華大學社會發展研究課題組在「維穩」研究報告中披露，二〇〇九年遼寧公安支出兩百二十三億元，以該省四千三百萬人計算，人均負擔維穩費用達五百多元。對於一個經濟水準位於後段班的省分來說，這是不小的負擔。廣東惠州在二〇〇九年，僅租用監視器材就花了三千六百多萬元，社會保障中的就業補助、養老醫保、急難救濟等，十一個福利項目經費加總起來才五千多萬元。可見，「維穩」一詞已成為巨大的諷刺——這種「壓倒一切的穩定」，不是民眾念茲在茲的安居樂業、長治久安，而是統治者的萬壽無疆、終身掌權，以及被統治者的如履薄冰、道路以目。

中共一貫宣稱自己代表著廣大人民的根本利益，全心全意為人民服務，然而，中國每天都在上演著「朱門酒肉臭、路有凍死骨」的悲劇。貴州女大學生吳花燕，父母雙亡，獨自照顧患有精神疾病的弟弟，每天只有人民幣兩元的生活費，整整五年都不吃早餐，午餐和晚餐靠吃兩塊錢的白飯拌糟辣椒過活，體重只有二十一．五公斤、身高只有一百三十五公分。二〇一九年，吳花燕因長期營養不良造成心臟瓣膜損傷嚴重入院，醫治無效去世，年僅二十四歲。習近平聲稱已讓全體中國人脫貧，但吳花燕的慘劇給了他一記響亮耳光。國際貨幣基金組織在二〇一八年的一份報告稱，中國現在是「世界上最不平等的國家之一」。

躺平、潤學，都來自於無力感

為了便於統治民眾，中共宣傳機器不斷製造敵人，外敵如美國、日本、臺灣，內部敵人更層出不窮。學者葛爾拉賀在《紅色警報：中國在太平洋侵略性外交引發全球戰爭的威脅》（*Alarmstufe Rot: Wie Chinas aggressive Außenpolitik im Pazifik in einen globalen Krieg führt*）一書中指出，像任何獨裁政權一樣，中國的獨裁政權只能在社會建立恐懼、對外部予以恐嚇、建立敵人形象之下運作。「長遠來看，對於沒有犯下的罪行，卻面對可能被制裁的不可預測性，會讓人們身心俱疲，也導致人們之間的不信任。你永遠不確定鄰居或同事是否會誹謗你，以便讓他們自己擺脫困境。生活中再也沒有一個可以讓人感到安全的空間。這種恐懼氣氛甚至也存在於黨的高層，除了習近平個人之外。」

葛爾拉賀批評，中共政權使用幾乎有辱人格的方式，攻擊所有的人和事，「習近平的追隨者用各種聲音向自己的同胞證明，外敵隨時可能攻擊中國。在這麼做的同時，他們也更加勒緊了在同胞脖子上的繩索。人們意識到，『他們』（不僅僅是外國人），隨時都可能被壓制和懲罰。」

在中共二十大期間，中國官媒《環球時報》發布一份民調，顯示中國年輕人「平視」，乃至「俯視」西方的比例高達九成，他們變得越來越有自信。民調指出，中國在社會治安、歷史文化等領域的表現，是年輕人自信的重要來源。對此一民調，很多接受《美國之音》（Voice of America）訪問的中國年輕人表示，「都要躺平、要『潤』（按：run 的諧音，指移民海外）了，哪來的自信？」

美國紐澤西拉馬波學院政治系副教授陳鼎評論說，在一個獨裁的國家裡，民調不太能夠代表人民真實的想法，即便代表了真實的想法，也可能是經過宣傳與洗腦的結果。中共刻意採取仇視西方的文宣，掀起強烈的民族主義與仇外主義，讓年輕人反美情緒高漲，目的是轉移年輕人對未來的無力感。然而，被掀起的愛國主義，無法解決年輕人自身要面對的失業或內捲化等問題，年輕一代中才會出現對未來看不到希望、充滿無力感的「躺平主義」，或想要逃離中國的「潤學」（按：中國網路流行語，意指研究如何離開中國，移民到已開發國家）。

在中國媒體和網路上，人們都在過「打臺灣」的嘴癮，如同中共當年逃竄到延安時的口號——打下陝北榆林城，一人一個女學生。但實際上，有多少中國人會歡迎和參與血肉橫飛、屍橫遍野的戰爭？

中國的中產階級人心厭戰，有多少父母願意將獨生子女送上戰場，為統治者的雄圖霸業送死？中國的工農大眾早已淪為韭菜、人礦（按：指被當成消耗品）、人肉電池，充滿被剝奪感，他們最痛恨的不是臺獨，而是太子黨、官二代。年輕人中，沒有幾個願意枕戈寢甲、厲兵秣馬，他們早已「躺平」——所謂躺平主義，即是主張「不買房、不買車、不結婚、不生小孩、不消費、不追求升職」，強調「維持最低生存標準，拒絕成為他人賺錢的機器，和被剝削的奴隸」，意味著放棄婚姻、不找工作、降低物質需求等，凡事都採取消極態度。

因與官方強調的「狼性」拚搏精神背道而馳，官方對躺平主義採取管制態度，並利用官媒聲討。臺灣研究者陳明輝、張昀徽指出，雖然躺平主義猶如自我凌遲，卻也彷彿是種成本極低、威力極強的寧靜示威，是暗潮洶湧的不合作運動，對中共黨國體制惡化、貧富差距的無聲控訴，也是對習近平宣稱全面脫貧的極大反諷。即使中共視「躺平」如蛇蠍，以樣板教條加強打壓，然而，已經如此消極的反抗模式若再被逼至牆角，恐易激化成「拒絕被割韭菜」的串連行動。

若中共真的對臺灣動武，而導致西方民主國家聯手圍剿，中共政權陷入絕境，經濟崩潰，「躺平」一代或許會站出來，拿起鋤頭，成為中共的掘墓人。

第九章

中國自比戰狼，臺灣就當刺蝟

至死方休，這是應許我的土地。

——美國歌王　安迪．威廉斯（Andy Williams）

1

「不戰而降」不是正確選項

「不識廬山真面目，只緣身在此山中」，海峽兩岸很多政經學各界人士，因身在局中、缺乏距離感，對兩岸問題往往「一葉障目，不見泰山」。在臺灣，有人一看中共「亮劍」便如驚弓之鳥、魂飛魄散；有人以為彼岸有金山銀山，屁顛屁顛（按：卑微討好）跑去淘金卻血本無歸；有人如將頭埋在沙中的鴕鳥，滿足於當下的「小確幸」，不願面對危機。反倒是旁觀者看得真切、評得到位——法國學者高格孚（Stéphane Corcuff）以「歷史性比較地緣政治學」角度切入，透過比較十七世紀末與二十一世紀初海峽兩岸的狀況，得出如下結論：「（今天中國的）懷柔政策很像清廷與施琅一直到攻擊臺灣前夕所進行的政策。」

三百多年前，大清的實力在康熙時期臻於頂峰，平定三藩、屠滅噶爾丹，其擴張能力在東亞大陸所向無敵；臺灣鄭氏政權傳到第三代鄭克塽手上，因內部分裂而風雨飄搖。澎湖海戰大敗後，臺灣本島軍心和民心瓦解，鄭克塽不戰而降，臺灣被納入大清版圖——這是臺灣第一次成為「中國」之一部分。

歷史的詭異在於，同樣的劇本屢屢在不同時空中重演。而今，中共以驅使數億奴隸勞工、毀滅大好河山、掠奪全球能源的「不科學且不可持續」的發展模式為依托，創造了讓世界為之震驚的「彎道超車」和「大國崛起」，其經濟總量已是坐二望一。而臺灣受全球經濟危機和島內產業外移的影響，經濟不振，且政爭不斷，國家認同分裂，舊式軍人不知為何而戰，民眾的自信心亦隨之滑落。在此困境之下，臺灣該以何種方式應對中國咄咄逼人的戰爭恐嚇？臺灣的執政者怎樣處理中國對臺灣主權的威脅，與兩岸已然如膠似漆的經貿關係之間的巨大矛盾？

中共是周瑜，馬政府是黃蓋

二〇〇八年，馬英九上臺執政，兩岸關係發生重大逆轉。馬政府無視中共極權專制的本質，與吞併臺灣的野心，經濟上進一步加強跟中國的聯繫，政治領域接受中共「一個中國」的說辭。兩岸貿易額每年超過一千六百億美元；每年超過三百萬名陸客蜂擁而入，擾亂旅遊業生態；陸生大量進入大學校園，損害學術自由；國臺辦主任陳雲林等高官訪臺，馬政府宛如接待上國使節，警察暴力打壓抗議者；代表「兩岸政商聯盟」的旺旺集團，以大手筆併購諸多媒體，中共中央宣傳部間接操控臺灣媒體……國民黨的親中政策，除了少數獲利的特權階層歡欣鼓舞之外，大部分民眾疑慮重重。國民黨控制行政及立法機構為所欲為，在野的民進黨則無所作為，加劇了民眾——尤其是年輕一代的危機意識。

二〇一四年，馬政府強推《兩岸服務貿易協議》。根據該協議，臺灣將對中國開放金融、醫療、食品、生活用品、商店、印刷業、報業、書店業等所有的服務業。由於服貿開放的具體內容不夠透明，臺灣的中小企業害怕從中國來的大型資本及勞動力，將毀滅臺灣的服務業，使得臺灣經濟被中國吞滅；同時，中國對臺灣媒體的投資，也將危害臺灣的言論自由。

在體制內阻撓該協議通過的努力失敗後，同年三月十八日，臺灣爆發太陽花學運，學生和民眾占領立法院二十四天。馬英九與王金平的內鬥，意外的使得政府難以強力鎮壓學生和民眾的非暴力抗爭。服貿協定被擋下後，這場運動和平落幕。這是臺灣民主化之後一場最大規模的民間抗議，樹立公民以非暴力手段遏制政府胡作非為的先例，給社會帶來巨大衝擊，也激發了民眾的臺灣認同及愛國心理——太陽花學運之後，「臺獨」意識和主張逐漸主流化。

馬英九不顧臺灣人民「中國不值得信任，所以不該親中」的反對統一思維，堅持「為了不要被中國吞併，所以要親中」的掩耳盜鈴式想像，在其任期還剩一年、支持率驟降到九％時，避開國會監督，在新加坡與習近平舉行會談。這場兩岸自一九四九年分治後首次最高領導人會面，雙方互稱「先生」，會後不簽訂協議，不發表聯合聲明。但馬英九在公開講話中稱「九二共識」為「一個中國原則」，在臺灣遭到強烈質疑，因該原則一向是北京的立場。

馬英九過去對臺灣民眾表示，其主張的「九二共識」是「一中各表」，且一中是「中華民國」而非「中華人民共和國」，卻不敢向習近平當面提出。馬英九及中共都說存在且為兩岸交流基礎的「九二共識」，包括一九九二年時任總統的李登輝，及已過世的兩岸談判代表辜振甫，都曾表示並不存在。

臺灣各界對馬英九企圖樹立歷史地位的馬習會，評價相當負面。「新臺灣國策智庫」公布委託趨勢民調公司的民調顯示，五四・八%的民眾不滿意馬英九在馬習會上的表現，六四・三%的民眾不同意馬英九提出的「一個中國」原則，五六%的民眾擔心馬習會後臺灣會變成中國的一部分。對於習近平表示「中國飛彈的部署是整體性的，不是針對臺灣人民」，七二・八%的民眾不相信；在馬習會後，六二・四%的民眾對國民黨的表現不滿意；自我認同為臺灣人的比例提升到八七%，自我認同是中國人的比例下降到六・一%。

史家陳寅恪說過：「讀史早知今日事。」高格孚以鄭克塽的降表為解讀對象，饒有趣味的分析讀者（康熙）和作者（鄭克塽）雙方「心有靈犀」之共鳴，這恰恰是馬習會談時，雙方內心活動之寫照——「雙方皆假裝此突然的轉變，是基於共有的信念：不僅是臺灣海峽兩岸的權力失衡；不僅是對個人的根之難以名狀的渴求，無論那有多麼理想化；也是了解到，今日的中國共產黨已非昨日的共產黨，如今它作為永恆的中國明確的領導者，正引導著一個邁向全球強權國家的命運。」如此，只要弱者向強者臣服，強者不吝給出豐厚的物質獎賞，弱者放棄尊嚴，即可獲得實際利益，雙方「周瑜打黃蓋」，卻也皆大歡喜。這就是國民黨與共產黨「化敵為友」的邏輯鏈。

臺灣成就有目共睹，即使弱小也能取勝

然而，「不戰而降」並非臺灣的正確選擇。美國學者易思安警告，只要中國占領臺灣，將出現「驚天動地」的後果。若臺灣淪為中共一黨獨裁下的占領區，曾經自由獨立的國家，將變成專制的警察國家的一部分。中共不僅將以恐怖手段統治臺灣，也將在臺灣實施愛國主義教育和群眾宣傳運動，將「習近平思想」、「中國社會主義價值觀」銘刻在臺灣人民的腦海中。屆時中國軍隊與公安、武警等安全部隊將大批進駐，可能藉由已在新疆、西藏實施的大規模監控系統對臺灣實施恐怖統治，臺灣人的生活將發生巨變。

臺灣雖小，中國雖大；臺灣雖弱，中國雖強，但臺灣擁有諸多中國望塵莫及的優勢。政治上，臺灣擁有全民直選、多黨競爭、五權分立、新聞自由、人權保障等民主

化成果，成為亞洲民主自由指數最高的民主鞏固國家；在全球化格局中，臺灣高度的國際化程度，和位於太平洋與亞洲大陸交接處的地理位置，決定了其獨一無二的戰略樞紐地位。

在國際上，臺灣的主權地位雖不獲承認，但臺灣人普遍比中國人更受尊重。就臺灣護照和中國護照的「好用度」而論：臺灣只有少數邦交國，卻享有一百六十七國優惠簽證待遇；與中國有外交關係的國家為一百七十二個，卻只有二十國給予中國公民免簽待遇——大部分是一般中國人不會去旅行的戰亂貧瘠之地。

原因很簡單：臺灣居民人均收入突破兩萬美元，相對均富，符合發達國家認定的授予免簽標準；臺灣人平均素質較高，在給予免簽的國家犯罪紀錄較低，偷渡和逾期滯留現象較少；臺灣的政治經濟體制和西方發達國家相同，意識形態一致；臺灣政府面臨選票壓力，卯足全力與外國交涉；臺灣主動給予世界發達國家免簽證入境，自然容易獲得互惠對待；臺灣戶政境管體制嚴謹，護照不易偽造，外國海關調閱資料可獲得迅速響應。

反之，中國雖富人頗多，但窮人基數仍大；在外國偷渡、失蹤及犯罪現象屢禁不止，嚴重影響中國護照的形象；中國政體跟世界絕大多數國家不同，仍是獨裁專制；中國外交部較無積極談判作為；中國不主動給予他國免簽；中國流動人口龐大，戶籍作業仍未詳實，資料調閱不便。可見，儘管中國在國際上擺出恃強凌弱的模樣，其實外強中乾。而臺灣的成就，國際社會看在眼中、心裡有數。臺灣不必妄自菲薄，不必向中國卑躬屈膝，更不能以為投降就能「馬照跑、舞照跳」。

2 示弱和讓步，換不來和平及友善

在二〇二〇年的雙十節慶典上，蔡英文以「團結臺灣，自信前行」為題發表演說。在兩岸關係部分，她表示：「只要北京當局有心化解對立，改善兩岸關係，在符合對等尊嚴的原則下，我們願意共同促成有意義的對話。」這是蔡英文第二個任期以來，首次向中國釋出善意。

蔡英文在講話中肯定習近平在聯合國大會的視訊演講——中國永遠不稱霸，不擴張，不謀求勢力範圍。她評論說，在全世界都擔憂中國擴張霸權的此刻，希望這是一個真正改變的開始。蔡英文將習近平的謊言當做真話，或是弄假成真、嚴重誤判，或是學中國民間慣用的「打著紅旗反紅旗」——這是在沒有言論自由的中國，民眾為自保而使用的敘事策略，作為民主臺灣的民選國家元首，她沒有必要這樣做。

習近平的講話，是從鄧小平那裡抄來的。一九七四年，鄧小平在聯合國大會發表演講說：「如果中國有朝一日變了顏色，變成一個超級大國，也在世界上稱王稱霸，到處欺負人家、侵略人家、剝削人家，那麼世界人民就應當給中國戴上一頂『社會帝國主義』的帽子，就應當揭露它、反對它、並且同中國人民一道打倒它。」這是說謊不打草稿。

鄧小平對外侵略成性，絕非和平主義者。一九五六年匈牙利發生民主運動，他受毛澤東委託訪問蘇聯，勸說赫魯雪夫出兵鎮壓，認為政權最重要，其他均屬次要，放棄鎮壓會成為「歷史罪人」。一九七九年，他出動數十萬大軍侵略越南，屠殺越南平民，自身亦傷亡數萬。他更不憚於對內殺戮，一九八九年出動野戰軍屠殺北京市民和學生，製造「六四」慘案。鄧小平是騙子，習近平當然也是騙子。

臺灣可以成為盟友國，可惜中共無此智慧

蔡英文拋出的橄欖枝，中共不屑一顧。中共向來欺軟怕硬，看到蔡英文示弱，立

即在央視播放多名所謂臺籍「間諜」電視認罪的畫面，對臺灣竭盡羞辱之能事。在加拿大任教的臺灣學者沈榮欽評論說，李孟居、蔡金樹、施正屏與旅居捷克的臺籍學者鄭宇欽，因為「臺諜案」被中國逮補，並且野蠻而缺乏法治精神的在法院判決前，由央視播出具有中國特色的「認罪」影片，在臺灣位居美中冷戰前線，而飽受中國軍事威脅之際，中國以「人質外交」作為對付臺灣的最新手段。諷刺的是，中方聲稱涉案人之一的鄭宇欽是民進黨前主席卓榮泰的助理，但實際上兩人毫無關係，鄭宇欽在捷克查理大學任教，是研究「一帶一路」的親中學者。中共抓捕「自己人」，難道是在演出苦肉計？

馬政府時期的「緩和局面」，只是沙灘上的城堡。高格孚點出「房間裡的大象」之事實——中華人民共和國和中華民國在技術上處於內戰狀態。一九九一年，李登輝廢止《動員戡亂時期臨時條款》，等於是承認中華人民共和國在中國大陸的統治權，也是從臺灣法律的角度終止內戰。但中華人民共和國不但沒這麼做，還在二〇〇五年通過《反分裂國家法》。中國在軍事方面，並沒有撤除對準臺灣的導彈，及其他針對臺灣的軍事部署，在外交方面也沒有停止對臺灣之施壓。這種狀況，不是靠臺灣單方面的善意或「非武化」就可改變。

儘管如此，臺灣可以誠實而自信的對彼岸「現身說法」，實行「啟蒙教育」。近年來，包括作家韓寒等中國名人在臺灣的觀感——臺灣最美的風景是人，說明臺灣有資格向中國輸出「軟實力」。高格孚對中國統治者諫言說：「一個獨立的臺灣，不一定會對中國造成威脅。與其繼續延續康熙時期以來的作為，試圖緊密控制臺灣的政治，以及影響其對於國家認同的辯論，中國不妨嘗試改變想法，將臺灣視為一個多元文化盟友國。」這是處理兩岸關係的「新思維」。

但是中國不會有此智慧與胸襟，獨裁體制早已「腦死」，所做之決策往往是最壞的那種。高格孚承認：「中國政府目前最不支持的模型是聯邦國家，儘管在理論上是一種可行的解決方案；也不追求一個由中國與幾個鄰近華人國家共同組成的國協……這兩個想法在當代的中國政治文化裡，是政治不正確的。」這正是中共當局將諾貝爾和平獎得主劉曉波關押並迫害致死，且對倡導聯邦制的《〇八憲章》群體殘酷打壓的原因。

只要中國的極權主義本質不變，臺灣不必對中國抱有任何幻想，不必對中國示弱和讓步。在中國與世界脫鉤、世界與中國脫鉤的歷史大變局中，臺灣應確立「親美反中」的國家戰略，其間沒有戰略模糊地帶——國民黨主席朱立倫所說的既「親美」又「友中」，是自欺欺人。

臺灣美在價值與理想，無須因霸凌而悲情

立法院長游錫堃在一次講話中指出：臺灣人曾攜手一起走過一段民主化的艱辛歷程，光榮的成為華人文化圈第一個民主國家。如今，臺灣是印太戰略的樞紐，華人世界的民主堡壘。而反觀中共，除了對內高壓統治，迫害少數族裔，毀棄「港人治港，五十年不變」的承諾外，還對臺灣文攻武嚇。在發生武漢肺炎及「港版國安法」之後，終於讓全球看清其極權體制，與違反普世價值的本質，而展開反制。臺灣迎來吾道不孤的歷史轉折點，可從容而自信的與美國為首的西方民主國家結盟。

臺灣的國際處境為百年來所罕見。科索沃、東帝汶等曾戰火連綿之地，疆域與人口比不上臺灣，經濟發展及民主政治更比不上臺灣，卻獲得國際社會的主權承認。相

比之下，臺灣這個全球排名靠前的經濟體，和民主自由的模範生，卻依舊「妾身未明」——根本原因在於中國作為政治經濟強權，對世界各國的政治威脅和經濟收買。

臺灣學者吳介民指出：「臺灣是一個『主權受挑戰的民主國家』，這裡的『受挑戰』，指的是臺灣在國際列強夾縫中的處境；這是外部的意義。但是，對內而言，臺灣的國家主權是沒有爭議的；不管這個國家的名字是中華民國或其它稱謂，它的統治權都是自主而完整的。」

因此，臺灣不必自卑，更無須深陷被霸凌者的「悲情」。在面對中國打壓時，應重建自信、昂首挺胸。高格孚如此分析臺灣的特點：「它傾向於從前國家階段（即在其近代歷史後殖民階段，一個『臺灣國』從未正式出現）直接轉移至後國家階段（臺灣極度全球化，主權政體甚至是國家地位並未被承認，但卻完全獨立於任何其他國家），而沒有經歷國家階段。」如是，臺灣的特殊帶來獨特性和先驅性，或許為人類的群體認同帶來新啟發和觸動：「由於多元文化、歷史經驗與對世界的關係，臺灣也成為認同的實驗室：在文化、國家認同、國民身分、地方認同，或學習如何作一個世界公民等方面，臺灣均探索了很多新認同的可能方向。」

臺灣是名副其實的美麗島。其美麗，不僅在於風景與物產，人文與人情，更在於價值與理想。臺灣並不是昔日官員或罪犯的流放之地，而是一個會產生價值觀的地區：「臺灣多元文化母體的重要部分，的確來自於中華文化，同時中華文化並不是其文化的唯一來源。在臺灣保存中華文化的同時，臺灣政府與社會各界，包括民間團體、企業家、藝術家與知識分子等參與者，不但會另外發明中華文化的新想法與概念，也會開拓新文化的方向，更會在缺乏國際承認的情況下，仍舊探索如何成為全球公民。」

中國疆域大、人口多，卻錙銖必較、鼠目寸光；與中國相比，臺灣雖是彈丸之地，卻是「面朝大海、春暖花開」的海洋國家和海洋文明，有高遠的視野和敞闊的心胸，在與中國的價值觀競爭中遙遙領先。

3 國土防衛軍，人人都能戰

二〇二二年，臺灣民主基金會公布委託政治大學選舉研究中心所做的「臺灣民主價值與治理」之民調，顯示若因「臺灣宣布獨立」，導致中國攻打臺灣，有六三・八%的受訪者願為保衛臺灣而戰；若是中國「為了統一」對臺動武，有七一・九%的受訪者願為保衛臺灣而戰，臺灣民眾對於保衛臺灣已有相當的決心。臺灣民主基金會每年都發表此一民調，願意為保衛臺灣而戰的民眾一直在穩定上升之中。不過，要將保衛臺灣的多數民意轉化為實際戰力，還有很長的路要走。

讓人憂慮的是，在中國的威脅下，臺灣早已是「全球最危險的地方」，卻到俄烏戰爭爆發後，對中國武力犯臺的討論才成為常態。其部分原因在於，中國共產黨藉由訊息戰引發認知混亂，另一方面則是來自臺灣的歷史淵源及政治發展。

《經濟學人》駐臺資深中國特派員蘇奕安，發表了以「前線福爾摩沙」為主軸系列專文，在〈臺灣是座面臨嚴重威脅的重要島嶼〉一文中，指出臺灣在二〇二二年底將義務役期恢復至一年，原本不應是個困難的抉擇，但在臺灣民眾未能堅定捍衛自由的信念之下，卻使執政當局躊躇再三。文章指出，身為民主國家，臺灣的前途掌握在全民手中，如今中國正對臺灣大肆宣傳失敗主義，並散播使內部出現分裂的言論，臺灣民眾必須做出抉擇，決定自己是誰、信仰的價值為何、是否願意打仗，以及要付出哪些代價。

反美親中無法換得和平

以學術界和媒體界為例，很多名流公然唱衰臺灣。王信力、王崑義、張明睿、蔡裕明、羅慶生等一群學歷、學術頭銜相當顯赫的「戰略專家」，合著一本《美中開戰與臺灣的未來》，沒有一句話譴責中共對臺灣的打壓和威脅，反而指稱保護臺灣的美國是霸權和帝國主義，並認為主張臺灣獨立的族群「挑釁」中國。

該書序言聲稱：「中美衝突，美國目的乃在『抑制中國大陸發展速度』，以及『維繫美國霸權』。臺灣急於獨立的心態，及美國也樂於視臺灣為槓桿，禍引『臺海』。」作者建議：「臺灣在戰略選擇上，首先要重視兩岸『和平發展』的大背景」，與中國簽署和平協定，「將兩岸的和平發展確立下來」。然而作者偏偏忘記了，中共處理西藏和香港問題時，都簽署過白紙黑字的協定，但中共對兩地實現武力控制後，立即實行赤裸裸的暴政。

該書作者之一張明睿曾任輔仁大學軍訓教官，盛讚習近平以「去貧、作富、作強」為「民族復興的指南」，設計「一帶一路」藍圖，強化「生命共同體」國際觀念，以求得國際政治、經濟新秩序的塑造，並認為習近平對臺灣很清晰的三條路徑是「和統、反獨、融合」，其「兩岸一家親」政策使得六成以上臺灣民眾「認知解放軍不會攻臺」。他否定臺灣民主基金會民調的真實性，毫無根據的指責時任該機構執行長的學者徐斯儉，「做如此目的性的」、「令人困惑的」民調是為臺獨開路，進而引用來歷不明的「美國杜克大學民調」，來否定之——若臺灣與大陸發生戰爭，僅有不到一一％的臺灣人願意「積極奮戰」，逆來順受者為四四％、投降逃跑者為二〇％。

或許，這些「戰略學者」就是投降逃跑者之一部分。

這個子虛烏有的「杜克大學民調」，與臺灣的真實民情民意脫節——逆來順受者和投降逃跑者的比例不會高達六成多，若真是如此，臺灣早就被中國吞併，這些學者也早就淪為奴隸——因而喪失被中共統戰的價值了。

臺灣抗敵意識薄弱，該學學瑞士、以色列

臺灣最大的危機，不在臺灣之外，而在臺灣之內。曾任臺灣海軍艦長的黃征輝指出：「統獨之戰，臺灣的問題出在心防，不是國防。臺灣最大的威脅是失敗主義，不是解放軍的飛彈、火砲、戰機、坦克、軍艦。」上述打著專家之名蠱惑人心的「投降派」，沒有能力解決問題，他們自己就是問題之所在。

臺灣前參謀總長、國防部副部長李喜明指出，國內外有關臺灣防衛能力的評估，有一種論述是：「臺灣缺乏自我防禦決心，人民沒有意願挺身而戰。」出現這種論述是因為臺灣受困於國家認同、意識形態、惡質的政治環境，難以實現團結一致。有人

批評年輕一代不願吃苦、排斥從軍服役，只是在鍵盤後嘲諷共軍，儼如義和團轉世。有人則批評老一輩迫於敵強我弱的現實，普遍認為臺灣毫無勝算，遂得過且過、混吃等死。李喜明承認，「抗敵意識薄弱是臺灣的致命傷。」

那麼，臺灣如何改變這種狀況？如何增強防衛能力？

臺灣可學習瑞士——當年，希特勒侵略大半個歐洲，卻沒有對與德國接壤的瑞士動武，除了納粹需要透過瑞士的銀行業洗錢之外，更重要的是瑞士實行全民兵役制，全民皆兵。瑞士的官兵們不惜為保家衛國而戰，總參謀部一個叫阿爾弗雷德·恩斯特的軍官寫道：「假如我們能為自己的理想而義無反顧的獻身，那麼將會贏得某種勝利。從我們的死亡中，將有一團光焰噴薄而出，德國人在它的輝映下將無計可施……我們可能作別人寰，但重要的是，我們的理想將於世長存。」希特勒權衡利弊，放棄了糾結二十一個師侵略瑞士的計畫。

臺灣更應當學習以色列——以色列面臨的危險比臺灣更大，建國以來，與周邊阿拉伯國家打了四場攸關生死存亡的戰爭，以寡敵眾，每一次都絕處逢生。以色列的國防支出占國民生產總值的五％至六％左右，每年徵兵三次，當年九〇％以上的適齡男子和五〇%以上的適齡女子徵召入伍，男子服役二十四個月、女子服役二十一個月，沒人有怨言。

德國公布的全球軍事化指數顯示，以色列是全球軍事化程度最高的國家，該國的人均重型武器持有量遙遙領先，其兵役制度也導致軍事人員在國民總數中所占比例極高。所以，烏克蘭將以色列作為榜樣，在烏克蘭猶太人社團舉辦的年度基輔猶太論壇中，本身是猶太人的澤倫斯基在演說中表示，「以色列經常是烏克蘭的前例」、「烏克蘭人和猶太人都珍視自由」、「（烏克蘭和以色列）都致力於使得國家未來成為我們喜愛的樣子，而不是別人要我們成為的樣子。」

烏克蘭「國土防衛軍」是臺灣的學習榜樣

臺灣必須強化國防，還應強化民防。李喜明建議，在不改變現行制度下，可另外建立一種全民防衛機制，以強化國土防禦能力。具體而言，就是招募有志青年組成一支數萬人的國土防禦部隊，採取非正規的移動游擊作戰，輔助正規部隊作戰。如果國軍正規部隊無法成功執行陸、海、空域的拒止作戰，國土防衛部隊就當挺身而出，在城市、鄉鎮與山區持續進行持久性的游擊拒止作戰。

在烏克蘭衛國戰爭中，烏克蘭國土防衛部隊取得驚人的成功，為深陷困境的烏克蘭爭取國際支持，更阻滯俄羅斯進犯行動。在二〇一四年烏東衝突期間，烏克蘭成立了許多志願性質民兵組織「國土防衛營」，這些單位後來被整編成「國民衛隊」，二〇二二年元旦又正式成立並迅速擴編成「國土防衛軍」。在編制上，主要規畫每個地區組成一個旅，總計多達二十五個旅、一百五十多個營級單位。二〇二二年三月六日，全國已有十萬人加入國土防衛軍。國土防衛軍除了協助正規部隊作戰、運送傷員或補給物資，也能善用地緣特性進行伏擊行動。二〇二二年春季，社群媒體上曝光的影片顯示，穿著便服的國土防衛軍成員伏擊俄軍車隊得手後，以私家車快速脫離交戰區域。即便被俄軍完全控制的區域，也可透過各種通訊方式向烏軍傳遞有用的情資。

「國土防衛軍」是臺灣學習的榜樣。當戰爭來臨，如果能動用所有軍事與民間資源，集合全民力量進行防衛作戰，以堅韌的全民防衛機制提醒中共，侵略臺灣的最後一步將會非常艱辛、難以成功，甚至讓中共從一開始便放棄進犯的念頭，那就達到了嚇阻戰爭的目的。與其不斷爭辯，或臆測社會大眾參與國防的意圖，政府不如先開始在某個地區成立小型國土防衛部隊的實驗，鼓勵年輕人參與，提供適當的管道。

建立國土防衛部隊，能強化民眾對臺灣安全的憂患意識，也會讓大家開始思考，自己在國土防衛上能做什麼、會做什麼，並向臺灣民眾發出一個強而有力的訊息——每個人都可以為強化國土防衛提供力量，並進一步增強國家的認同感和生存決心。

轉換儒家文化，用武士、牛仔精神喊出「我會從軍」

臺灣人不能醉生夢死、馬放南山。由於某些國軍將領的腐敗無能、左派和平主義思想的侵蝕、儒家文化中「好男不當兵」的陳腐觀念，使得民間未能培育起尊重軍隊和軍人的民情秩序，而軍隊和軍人也缺乏自豪感和榮譽感，兩者形成不斷糾結的惡性循環，整個社會瀰漫著一股陰柔之氣，而缺乏陽剛之氣（可悲的是，在左派「政策正確」、「取消文化」的理論之下，連陽剛之氣、男子漢氣概等詞語都不能使用了）。臺灣年輕一代接受太多來自中國的儒家文化薰陶，以及西方後現代左派意識形態的毒害（如動搖國本的激進綠能政策、號稱進步主義的同性婚姻政策），或四體不勤、五穀不分，或沉溺於文青式自怨自艾之中，這種文化典範和精神取向必須轉換。

臺灣年輕一代應當重新樹立日治時代時，日本帶到臺灣的武士道精神和尚武精神——李登輝就是受過此種日式教育的現代武士。將李登輝與馬英九對照，就會發現人格特質天差地別。若能以日本的武士（武士道）和美國牛仔（清教秩序），取代中國儒家文化和西方左派文化，教育和訓練出剛健堅韌、勇於冒險和探索的年輕一代，臺灣才會有光明的未來。

川普時代的副國家安全顧問博明（Mathew Pottinger）是臺灣年輕人的一個榜樣：博明家境優渥，父親是司法部高官及作家，他本人畢業於名校，曾任路透社和《華爾街日報》記者，後投筆從戎，加入海軍陸戰隊，三十二歲成為年紀最大的少尉。從少尉升到少校，三度派赴海外，一次赴伊拉克，兩次到阿富汗。博明訪臺時媒體提問，若他是臺灣的普通人，面對中國文攻武嚇，會做什麼準備？他回答時直言，如同自己當年的選擇，如果還年輕，「我會從軍」；若年紀稍長則會考慮參與民防。

很多臺灣人坐而論道，還起而行道。前聯電董事長曹興誠二十多年前曾是統派，懷著萬丈雄心到中國投資，也曾是中共領導人的座上賓。後來，香港發生的悲劇讓其徹底覺醒。

二〇一九年十二月二十五日，曹興誠在演講時，以香港「反送中」為例說，香港傀儡政府將港人的民主運動定調為「暴亂」，接著就是警察對學生暴力鎮壓，香港的自由與法治毀於一旦。他又指出，「臺灣自古以來就是中國的領土」是「胡說八道」，在明末以前，「臺灣跟中國一點毛關係都沒有。」此後，他捐出新臺幣三十億元，資助獎勵個人與團體推動國防教育、研究反制中國的專書與活動；另又資助新臺幣十億元推動協助防衛的民間勇士、加強臺灣防衛力量，其中一個計畫是，在三年內訓練出三百萬名積極協助區域防衛的民間勇士，和國軍戰士配合；另一個計畫是，盡速訓練出三十萬名民間神射手，宣示「全民皆兵、抵抗侵略」的決心。

擁有自我防衛能力，就是一種嚇阻

前《環球時報》總編輯胡錫進宣稱，解放軍如攻入臺灣，將殺光臺獨，不留活口。中國駐法大使盧沙野狂言，中國統一臺灣後，將對臺灣人「再教育」。曹興誠質疑，在二十一世紀的今天，中共官員公然叫囂要對臺灣兩千三百萬人進行屠殺和洗腦，完全無視反人類罪和戰爭罪，實在非常病態。面對窮凶極惡、囂張跋扈的中共，臺灣人的同仇敵愾已被燃起。臺灣無人機、半導體等科技實力，若能善加整合、軍民加強合作，加上美國關鍵技術支援，未來絕對具有單獨擊潰共軍來犯的實力。

參與訓練民兵的「黑熊學院」運作的「王立第二戰研所」成員林秉宥接受媒體訪問說，「黑熊學院」是由臺北大學犯罪學研究所教授沈伯洋與幾位夥伴共同發起，以推動全民防衛知識技能為主要工作目標的社會企業。「黑熊學院」的工作，是希望能帶動民間面對戰災先有自保應對的能力，加強人民對抗中國武力侵犯的信心。在面對戰爭狀態下，只要人民擁有對應戰爭風險的知識與技術，自然有可能進一步延伸貢獻其專長。例如，土木工程、通信、物流運輸等，都可能支持軍隊作戰。這需要很大程度的政策支持，而目前還沒看到這樣的規畫。但凡事都等待政府指導，不是現代民主社會的靈魂，由人民帶動國家社會的發展，才是民主最可貴之處。

國際社會對臺灣提升全民抗戰的意識與意志充滿期許。丹麥前總理、北約前祕書長拉斯穆森訪臺時表示，從俄羅斯入侵烏克蘭的教訓，看到臺灣擁有自我防衛能力的必要性。他從烏克蘭的情況，看到三個關鍵教訓可供臺灣參考：首先是臺灣必須擁有自我防衛的能力，讓中國知道入侵將付出代價。其次，國際自由世界團結協助烏克蘭，相信習近平也觀察到相關情況，若對臺動武，將面臨的經濟壓力也是一種嚇阻力量。最後，則是要確保烏克蘭能取得勝利，若讓俄羅斯建立新現狀，會讓獨裁者以為武力可遂行其目的，「必須努力確保烏克蘭獲勝，這是為了烏克蘭人民與臺灣人民能決定自己的未來，自由世界必須給予烏克蘭與臺灣我們的支持。」

4 不對稱戰力，成為中共啃不了的刺蝟

若要成功嚇止中國的武力入侵，除了美日等盟友拔刀相助之外，就臺灣自身而言，一是要有勇敢抗戰的人，二是要有好的戰略與戰術。近年來，臺灣提出持續培養不對稱戰力的思路，也就是刺蝟戰略（豪豬戰略、毒蛙戰略、毒蠍戰略，名詞不同，目標一致），意在嚇阻中國對臺動武，否則代價巨大，得不償失。

臺灣戰略學者賴怡忠指出，「不對稱防衛」能力的建議最早是在二〇〇九年「美臺國防工業會議」上，由美國國防部助理部長的葛瑞森將軍（Wallace Gregson）提出，他建議基於兩岸巨大的資源差距，臺灣應以創新與不對稱的方式來解決這個問題。當年底，美國海軍學院教授莫瑞（William S. Murray）提出一份「毒蠍防衛策略」之建議，認為臺灣不應該再購買軍艦與飛機，而應改以強化島嶼防衛能量的存活

率為主。川普執政後，美國開始把建構「不對稱防衛」視為重中之重，國防部戰略與軍備副助理部長柯比（Elbridge Colby）強力主張，臺灣須走不對稱戰力之路。

墨瑞在報告中指出，美國需加強對中國的嚇阻力，臺灣也需增強不對稱武力的培養。他以草原中充滿尖刺的豪豬為比喻，指出臺灣應該如豪豬一般，讓中國難以輕易攻下而知難而退：「臺灣需要不對稱戰力，不對稱戰力的定義是體積小、數量多、易移動、致命的武器。小型武器容易隱藏又相對便宜，反觀大型武器太過顯眼，在現代戰爭中難以長久生存。而小型武器便宜的特性，又能讓臺灣大量購買與部署，一旦數量多，解放軍便難以逐個追蹤、摧毀，這對臺灣在戰爭中將會很有利。易移動也是一樣的道理，無法移動的軍事目標，在戰爭中更容易被敵軍攻擊。至於致命，這些不對稱武器能幫助臺灣驅趕意圖在臺灣島登陸的解放軍船艦，同時也能驅趕解放軍軍機，避免解放軍掌控臺灣領空。」

加拿大前國防部長馬凱（Peter MacKay）表示，支持臺灣裝備現代化，臺灣應當將自身打造成讓敵人無法下嘴的刺蝟，加拿大願意提供各項援助：「希望臺灣的部隊做好在國內的各項演練，及防衛的各項準備，這包括必要的武器和必要的裝備，加拿大有高度意願持續這樣的支持方式。」

擾亂敵人的作戰重心，讓戰爭無法速戰速決

那麼，究竟增加哪些武器，才是打造不對稱戰力的關鍵？臺灣學者舒孝煌、許智翔在〈臺灣發展不對稱戰力的利基〉一文中指出，軍備規畫應包括基本戰力及不對稱戰力兩個面向，基本戰力包括傳統陸、海、空兵力，不對稱戰力則包含傳統與非傳統戰爭手段；以臺灣之強點，針對敵方特定弱點，實施出其不易攻擊，削弱其力量、並創造有利己方態勢。

在裝備投資的重點方面，應當包括：強化關鍵設施及戰力保存，發展彈性化之無人和非傳統打擊能力，發展具備不對稱優勢之防空武器，強化制空制海戰力、地面戰力、電磁干擾能力、運用無人及智慧化系統、資通安全等領域。同時，還可保持和發展局部科技優勢：多樣化無人與自動化載具，可攔截小型低空目標之彈性化火力與發射系統，網狀化作戰，彈性化的制空制海及制陸武器，資訊戰、網路戰與電磁武器，

反制隱形空中武力發展，發展自動化器械與人工智慧用於傳統軍備，智慧型水下攻擊武器，匿蹤技術等九個方面。舉例來說，俄烏戰爭中，烏克蘭軍隊使用遊蕩式飛彈、彈簧刀及鳳凰幽靈兩款自殺式無人機，造成俄軍巨大傷亡，可做為國軍參考對象。

自由亞洲電臺軍事評論員亓樂義在〈不對稱戰略：臺灣應有的防衛之道〉一文中指出，臺灣在建軍規畫上，應以籌建小型、大量、智能、隱身、機動及難以反制的不對稱戰力，並發展創新戰術戰法為主。強調不對稱作戰，避開敵人優勢，攻擊或利用敵人的弱點，及擾亂敵人的作戰重心。同時，攻擊敵人的關鍵處，以阻滯其戰爭計畫、破壞其作戰節奏、癱瘓其作戰能力，充分發揮不對稱作戰特點，使敵人無法快速結束戰爭，知難而退。

先保障自己不被擊倒，再用連續技重創對手

發展不對稱戰力，是以小搏大的通例。臺海形勢更是明顯。二〇二二年，中國國防預算約兩千三百一十九億美元，臺灣約一百三十一億美元，相差十七．七倍；解

放軍正規部隊是國軍的十二倍。以海軍來說，中國有兩艘航空母艦，中大型水面艦一百三十二艘，是臺灣的五倍多；中國傳統動力潛艇五十六艘，臺灣僅有兩艘，差距最為懸殊。從中國東部戰區和南部戰區的海軍來看，中大型水面艦艇為臺灣的三．七倍、潛艇為臺灣的十六倍多。兩岸空軍的差距也很明顯，中國制空機一千六百架，是臺灣的四倍多；東部戰區加上南部戰區制空機是臺灣的一．七倍多。中國還有轟炸機和攻擊機四百五十架，包括東部和南部戰區的兩百五十架，臺灣為零，沒有戰略性空中打擊力量。以上不包括戰略性武器，如火箭軍東風系列短中長程與洲際彈道飛彈，以及戰略核潛艇與核攻擊潛艇。

兩岸軍力差距懸殊，但不代表臺灣只能束手就擒。李喜明是臺灣軍界對於不對稱作戰論述最為深刻的高級將領，二〇二〇年十一月，他在美國《外交家》雜誌發表文章，重新定義「勝仗」的內涵，認為只要阻止解放軍成功入侵並對臺灣實施政治控制，對臺灣防衛來說就是打贏。臺灣必須拋棄與解放軍打消耗戰的傳統作戰觀念，以有效不對稱的防衛態勢並結合不對稱戰力，彌補數量上的劣勢，阻止解放軍入侵。

他強調，臺灣更需要優先發展具有高存活能力的小型、大量、分散、機動、精準、致命的低成本武器。運用這些不對稱戰力，可以讓中國的遠距攻擊優勢不能輕易發揮作用，而使臺灣得以保存戰力，在適當時機實施反擊。就像拳王阿里（Muhammad Ali）為人所樂道的策略：「如蝴蝶般飛舞，如蜜蜂般螫刺。」先確保不被對方擊倒，再用連續的螫刺重創對手。

李喜明指出，不對稱戰力所需武器的能見度較低，平時不起眼，戰時因敵人難以鎖定和反制，具備高度運用彈性與戰場存活性。臺灣不對稱戰力的本質，必須擁有「很多致命的小東西」，如先進無人機系統與機動雷達，能提升目標獲得、早期預警、遠距偵察等能力；低成本短程精準制飛彈藥與機動岸防巡航飛彈，包括魚叉岸防系統，可提供岸際火力支援。還有高機動性精準多管火箭系統，能強化攻擊及防禦縱深；便攜式防空武器可增強機動及游擊作戰；隱形快速攻擊艇與微型飛彈突擊艇分散部署在臺灣超過兩百個漁港，能快速伺機出擊；水雷與快速布雷艦可阻礙敵軍登陸作戰。這些不對稱武器在臺灣遭受攻擊時，大有用處，有效提升反制能力。

採購高價飛彈，也自力開發輕型武器

《全球防衛雜誌》採訪主任陳國銘亦指出，烏克蘭能挺過俄軍的攻擊，重要原因之一，是西方各國即時援助了大量輕兵器，以及反裝甲火箭、飛彈，其中最受矚目的是 NLAW 和「標槍」，與兩款反裝甲飛彈。

NLAW 全名為「次世代輕型反戰車武器」，由瑞典和英國聯合打造，採用被動式「預測視線」技術，由射手利用二．五倍率光學瞄具追蹤目標，再利用磁性感測儀抵銷敵方的反制措施，進而使飛彈命中正確的目標。標槍為美製，在伊拉克戰爭中功勛卓著，通常採兩人一組攜帶的編制，最大特點在於可選擇傳統的直接攻擊，或針對敵方戰車薄弱頂部的攻頂模式。

另外，西方還援助烏克蘭大批單價更便宜的無導引反裝甲火箭，或是無後座力砲。因此，臺灣除了向美採購高價的標槍飛彈，量產便宜的「紅隼」火箭彈，及自力開發價格更實惠的國造版 NLAW，也不失一個好選擇。

近年來，不對稱戰力的思路逐漸得到臺灣政府和民間的認同。二〇二一年十一月，立法院三讀通過《海空戰力提升計畫採購特別條例》草案，編列新臺幣兩千四百億元的特別預算，分五年時間，採國造自製方式，快速籌建各式精準飛彈等八項海空不對稱武器裝備，包括岸置反艦飛彈系統、野戰防空系統、陸基防空系統、無人攻擊載具系統、空射型萬劍飛彈系統、雄升地對地巡航飛彈系統、海軍高效能艦艇（沱江級隱形飛彈巡邏艦）和海巡艦艇加裝戰時武器系統等，為臺灣自主發展不對稱戰力踏出關鍵一步。

中國如豺狼，對臺灣眈眈相向；若臺灣具備不對稱戰力和戰略，可如同刺蝟或豪豬，讓豺狼一口都啃不下，這才是臺灣的安身立命之道。臺灣島是臺灣人的應許之地，不是中國人的殖民地和垃圾場。電影《阿凡達：水之道》（*Avatar: The Way of Water*）宛如臺灣人挺身抗暴的預言，其主題曲是臺灣人不屈的誓言：「那些傷疤與傷口，我像刺青般驕傲的披在身上。……我們將準備面對戰爭，我知道如果我死去，我唯一的選擇是持續防守。……我對你的愛超越他們所擁有的力量，超越他們的千軍萬馬。」

參考書目

- 喬治・肯楠（George F. Kennan）：《美國大外交》（*American Diplomacy*），（北京）社會科學文獻出版社，2013。
- 彼得・納瓦羅（Peter Navarro）：《美、中開戰的起點》（*Crouching Tiger: What China's Militarism Means for the World*），（臺北）光現出版，2018。
- 白邦瑞（Michael Pillsbury）：《2049 百年馬拉松：中國稱霸全球的祕密戰略》（*The Hundred-Year Marathon: China's Secret Strategy to Replace America as the Global Superpower*），（臺北）麥田出版，2022。
- 喬治・貝爾（George W. Baer）：《美國海權百年：1890-1990 年的美國海軍》（*One Hundred Years of Sea Power: The U. S. Navy, 1890-1990*），（北京）人民出版社，2014。
- 羅里・梅卡爾夫（Rory Medcalf）：《印太競逐》（*Contest for the Indo-Pacific: Why China Won't Map the Future*），（臺北）商周出版，2020。
- 柏提爾・林納（Bertil Lintner）：《珍珠鏈戰略：中國在印度洋的擴張野心》（*The Costliest Pearl: China's Struggle for India's Ocean*），（臺北）馬可孛羅，2022。
- 柏提爾・林納（Bertil Lintner）：《中國的印度戰爭》（*China's India War: Collision Course on

the Roof of the World），（臺北）馬可孛羅，2018。

- 董尼德（Pierre-Antoine Donnet）：《中美爭鋒：誰將左右世界領導權》（*Le leadership mondial en question*），（臺北）時報出版，2021。
- 格雷厄姆・艾利森（Graham Allison）：《注定一戰？中美能否避免修昔底德陷阱》（*DESTINED FOR WAR: Can America and China Escape Thucydides' Trap?*），（臺北）八旗文化，2018。
- 羅伯・斯伯汀（Robert Spalding）：《隱形戰》（*Stealth war: how China took over while America's elite slept*），（臺北）遠流，2019。
- 傅好文（Howard W. French）：《中國擴張：歷史如何形塑中國的強權之路》（*Everything Under the Heavens: How the Past Helps Shape China's Push for Global Power*），（臺北）遠足文化，2019。
- 易思安（Ian Easton）：《中共攻臺大解密》（*The Chinese Invasion Threat: Taiwan's Defense and American Strategy in Asia*），（臺北）遠流，2017。
- 羅柏・卡普蘭（Robert D. Kaplan）：《大國威懾：不為人知的美國海陸空全球運作》（*Hog Pilots, Blue Water Grunts*），（成都）四川人民出版社，2015。
- 卜睿哲（Richard C. Bush）：《臺灣的未來：如何解開兩岸的爭端》（*Untying the Knot: Making Peace in the Taiwan Strait*），（臺北）遠流，2010。

- 卜睿哲（Richard C. Bush）：《一山二虎：中日關係的現狀與亞太局勢的未來》（*The Perils of proximity: China-Japan security relations*），（臺北）遠流，2012。
- 比爾・艾摩特（Bill Emmott）：《較勁：中國・日本・印度三強鼎立的亞洲新紀元》（*RIVALS*），（臺北）雅言文化，2009。
- 高格孚（Stephane Corcuff）：《中華鄰國：臺灣閾境性》（*Un pays voisin de la Chine. La liminalité de Taiwan*），（臺北）允晨文化，2011。
- 約翰・托蘭（John Toland）：《漫長的戰鬥：美國人眼中的朝鮮戰爭》（*In Mortal Combat: Korea, 1950-1953*），（北京）中國社會科學出版社，2019。
- 赫伯特・麥馬斯特（Herbert Raymond McMaster）：《全球戰場》（*Battlegrounds: The Fight to Defend the Free World*），（臺北）八旗文化，2022。
- 強納生・希爾曼（Jonathan E. Hillman）：《中國網路圈套》（*THE DIGITAL SILK ROAD: China's Quest to Wire the World and Win the Future*），（臺北）商業周刊，2022。
- 布魯斯・卡明思（Bruce Cumings）：《海洋上的美國霸權》（*Dominion from Sea to Sea: Pacific Ascendancy and American Power*），（北京）新世界出版社，2023。
- 克雷格・惠特洛克（Craig Whitlock）：《阿富汗文件》（*The Afghanistan Papers: A Secret History of the War*），（臺北）黑體文化，2022。
- 詹姆斯・史塔萊迪（Admiral James Stavridis）：《海權爭霸》（*Sea Power: The History and*

Geopolitics of the World's Oceans），（臺北）聯經出版，2018。

- 馬特．松田（Matt K. Matsuda）：《我們的海》（*Pacific Worlds: A History of Seas, Peoples, and Cultures*），（臺北）八旗文化，2022。
- 鍾堅：《台灣航空決戰》，（臺北）燎原出版，2020。
- 戈爾拉赫（Alexander Görlach）：《紅色警報》（*Alarmstufe Rot: Wie Chinas aggressive Außenpolitik im Pazifik in einen globalen Krieg führt*），（臺北）新學林，2022。
- 唐米樂（Tom Miller）：《中國的亞洲夢》（*China's Asian Dream*），（臺北）時報出版，2017。
- 吉姆．修托（Jim Sciutto）：《影子戰爭》（*The Shadow War: Inside Russia's and China's Secret Operations to Defeat America*），（臺北）左岸文化，2021。
- 桑格（David E. Sanger）：《資訊戰爭》（*The Perfect Weapon: War, Sabotage, and Fear in the Cyber Age*），（臺北）貓頭鷹，2019。
- 詹姆斯．格里菲斯（James Griffiths）：《牆國誌》（*The Great Firewall of China: How to Build and Control an Alternative Version of the Internet*），（臺北）游擊文化，2020。
- 克萊夫．漢密爾頓（Clive Hamilton）、馬曉月（Mareike Ohlberg）：《黑手》（*Hidden Hand: Exposing How the Chinese Communist Party is Reshaping the World*），（臺北）左岸文化，2021。

- 何清漣：《紅色滲透》，（臺北）八旗文化，2019。
- 彼得・馬提斯（Peter Mattis）、馬修・布拉席爾（Matthew Brazil）：《中共百年間諜活動》（*Chinese Communist Espionage: An Intelligence Primer*），（臺北）麥田，2021。
- 赫爾弗里德・穆克勒（Herfried Münkler）：《大戰：1914-1918 年的世界》（*Der Große Krieg: Die Welt 1914 bis 1918*），（北京）社會科學文獻出版社，2020。
- 李德哈特（Sir Basil Henry Liddell Hart）：《第一次世界大戰戰史》（*History of the First World War*），（臺北）麥田，2014。
- 比爾・海頓（Bill Hayton）：《南海：二十一世紀的亞洲火藥庫與中國稱霸的第一步？》（*The South China Sea : The Struggle for Power in Asia*），（臺北）麥田，2021。
- 齊斯・洛韋（Keith Lowe）：《二次大戰後的野蠻歐陸》（*Savage Continent: Europe in the Aftermath of World War II*），（臺北）馬可孛羅，2020。
- 里博（Alfred J. Rieber）：《歐亞帝國的邊境》（*The Struggle for the Eurasian Borderlands: From The Rise Of Early Modern Empires To The End Of The First World War*），（臺北）貓頭鷹，2020。
- 瑪格麗特・柴契爾（Margaret Thatcher）：《柴契爾夫人回憶錄——唐寧街歲月》（*The Downing street years*），（臺北）新自然主義，1994。
- 韋普肖特（Nicholas Wapshott）：《里根與撒切爾夫人：政治姻緣》（*Ronald Reagan and*

Margaret Thatcher: A Political Marriage），（上海）上海社會科學院出版社，2015。

- 本・威爾遜（Ben Wilson）：《深藍帝國：英國海軍的興衰》（*Empire Of The Deep*），（北京）社會科學文獻出版社，2019。
- 溫斯頓・邱吉爾（Winston S. Churchill）：《世界危機：第一次世界大戰回憶錄》（*World Crisis*），（臺北）左岸文化，2006。
- 溫斯頓・邱吉爾（Winston S. Churchill）：《第二次世界大戰回憶錄》（*The Second World War*），（臺北）左岸文化，2005。
- 安德魯・瑞格比（Rigby，A.）：《暴力之後的正義與和解》（*Justice and Reconciliation: After the Violence*），（南京）譯林出版社，2003。
- 提摩希・史奈德（Timothy Snyder）：《民族重建》（*The Reconstruction of Nations*），（臺北）衛城出版，2023。
- 謝爾希・浦洛基（Serhii Plokhy）：《烏克蘭：從帝國邊疆到獨立民族，追尋自我的荊棘之路》（*The Gates of Europe: A History of Ukraine*），（臺北）聯經，2022。
- 史蒂文・李・梅耶斯（Steven Lee Myers）：《普丁正傳：新沙皇的崛起與統治》（*The New Tsar: The Rise and Reign of Vladimir Putin*），（臺北）好優文化，2022。
- 格雷厄姆・艾利森（Graham Allison）、菲利普・澤利科（Philip Zelikow）：《決策的本質：還原古巴導彈危機的真相》（*Essence of Decision: Explaining the Cuban Missile Crisis*），（北

京）商務印書館，2021。
- 羅伯特．甘迺迪（Robert F. Kennedy）：《十三天：古巴導彈危機回憶錄》（*Thirteen Days: A Memoir of the Cuban Missile Crisis*），（北京）北京大學出版社，2016。
- 伊麗莎白．桑德斯（Elizabeth N. Saunders）：《五角大樓的秘密：美國總統是如何影響世界軍事行動的？》（*Leaders at Wars: How Presidents Shape Military Interventions*），（北京）新世界出版社，2016。
- 赫魯雪夫（Nikita Khrushchev）：《赫魯曉夫回憶錄》，（北京）社會科學文獻出版社，2015。
- 克里斯．米勒（Chris Miller）：《晶片戰爭》（*CHIP WAR: The Fight for the World's Most Critical Technology*），（臺北）天下雜誌，2023。
- 太田泰彥：《半導體地緣政治學》，（臺北）野人，2022。
- 麥克阿瑟：《麥克阿瑟回憶錄》，（上海）上海社會科學出版社，2017。
- 李齊芳：《中俄關係史》，（臺北）聯經，2001。
- 沈志華：《中蘇關係史綱》，（北京）社會科學文獻出版社，2016。
- 沈志華：《毛澤東、斯大林與朝鮮戰爭》，（廣州）廣東人民出版社，2004。
- 沈志華：《無奈的選擇：冷戰與中蘇同盟的命運（1945-1959）》，（北京）社會科學文獻出版社，2013。

- 沈志華：《最後的「天朝」：毛澤東、金日成與中朝關係》，（香港）香港中文大學出版社，2017。
- 丹尼・羅伊（Denny Roy）：《台灣政治史》（*Taiwan: A Political History*），臺灣商務印書館，2004。
- 謝碧蓮：《施琅攻臺灣》，（臺南）臺南市文化局文化資產課，2001。
- 鄭維中：《海上傭兵：十七世紀東亞海域的戰爭、貿易與海上劫掠》，（臺北）衛城出版，2021。
- 亞當・克拉洛（Adam Clulow）：《公司與幕府》（*The Company and the Shogun: The Dutch Encounter with Tokugawa Japan*），（臺北）左岸文化，2020。
- 王家儉：《李鴻章與北洋艦隊：近代中國創建海軍的失敗與教訓》，（北京）三聯書店，2008。
- 姜鳴：《龍旗飄揚的艦隊：中國近代海軍興衰史》，（南京）江蘇鳳凰文藝出版社，2021。
- 姜鳴：《甲午一百二十年祭》，（上海）上海人民出版社，2014。
- 石泉：《甲午戰爭前後之晚清政局》，（北京）三聯書店，2023。
- 大谷正：《甲午戰爭》，（北京）社會科學文獻出版社，2019。
- 廣西師範大學出版社編：《戊戌前後的痛與夢：馬關議和中之伊李問答》，（桂林）廣西師範大學出版社，2008。

- 劉廣京等：《李鴻章評傳：中國近代化的起始》，（上海）上海古籍出版社，1995。
- 蔣廷黻：《中國近代史》，（臺北）西北國際，2018。
- 亞歷山大·潘佐夫（Alexander V. Pantsov）、梁思文（Steven I. Levine）：《毛澤東：真實的故事》（*Mao: The Real Story*），（臺北）聯經出版，2015。
- 亞歷山大·潘佐夫（Alexander V. Pantsov）：《蔣介石：失敗的勝利者》（*Victorious In Defeat: The Life and Times of Chiang Kai-Shek, China, 1887-1975*），（臺北）聯經出版，2023。
- 麥克法夸爾（Roderick MacFarquhar）、費正清（John K. Fairbank）編：《劍橋中華人民共和國史》（*The Cambridge History of China*），（北京）中國社會科學出版社，2007。
- 盛慕真：《紅太陽的灼熱光輝：毛澤東與中國五〇年代政治》，（臺北）聯經出版，2021。
- 倪創輝：《十年中越戰爭》，（臺北）天行健出版社，2009。
- 日本戰略研究論壇編：《粉碎中國的野心：共建台日聯合防線》，（臺北）獨立作家，2020。
- 中西輝政：《中國霸權的理論與現實》，（臺北）廣場文化，2020。
- 野島剛：《最後的帝國軍人：蔣介石與白團》，（臺北）聯經，2015。
- 宮本雄二：《日本該如何與中國打交道？》，（臺北）八旗文化，2012。
- 石井明：《中國邊境的戰爭真相》，（臺北）八旗文化，2016。
- 矢板明夫：《人民解放軍的真相》，（臺北）八旗文化，2020。
- 宮崎正勝：《海洋地緣政治入門：世界史視野下的海權爭霸》，（臺北）如果出版，2022。

- 渡部悅和、尾上定正、小野田治、矢野一樹：《台灣有事：日本眼中的台灣地緣重要性角色》，（臺北）燎原出版，2022。
- 吳介民、黎安友：《銳實力製造機：中國在台灣、香港、印太地區的影響力操作與中心邊陲拉鋸戰》，（臺北）左岸文化，2022。
- 李喜明：《臺灣的勝算：以小制大的不對稱戰略》，（臺北）聯經出版，2022。
- 黃河：《24小時解放臺灣？：中共攻臺的N種可能與想定》，（臺北）時報文化，2020。
- 黃征輝：《終極和戰：兩岸戰爭與和平，統獨最短的距離》，（臺北）時報文化，2022。
- 張德方：《美國會為台灣出兵嗎？》，（臺北）好人出版，2022。
- 汪浩：《借殼上市：蔣介石與中華民國臺灣的形塑》，（臺北）八旗文化，2020。
- 汪浩：《意外的國父：蔣介石、蔣經國、李登輝與現代臺灣》，（臺北）八旗文化，2020。
- 宋怡明：《前線島嶼：冷戰下的金門》，（臺北）臺大出版中心，2016。
- 李元平：《俞大維傳》，（臺北）臺灣日報社，1992。
- 劉統：《跨海之戰：金門．海南．一江山》，（北京）三聯書店，2010。
- 王洪光：《絕戰：金門－古寧頭戰役》，（臺北）全球防務，2013。
- 沈啟國、田立仁：《最長的一夜：1949金門戰役》，（臺北）時英，2019。
- 郭哲銘：《戰爭無情．和平無價：八二三金門戰役五十週年專輯》，（金門）金門縣政府文化局，2008。

- 何欣潔、李易安：《斷裂的海：金門、馬祖，從國共前線到台灣偶然的共同體》，（臺北）聯經出版，2022。
- 林孝庭：《意外的國度：蔣介石、美國、與近代台灣的形塑》，（臺北）遠足文化，2017。
- 林孝庭：《台海・冷戰・蔣介石》，（臺北）聯經出版，2015。
- 林孝庭：《蔣經國的台灣時代》，（臺北），（臺北）遠足文化，2021。
- 黃清龍：《蔣經國日記揭密》，（臺北）時報出版，2020。
- 河崎真澄：《李登輝秘錄》，（臺北）前衛，2021。
- 李登輝：《新・台灣的主張》，（臺北）遠足文化，2015。
- 李登輝、張炎憲：《李登輝總統訪談錄》，（臺北）允晨文化，2008。
- 張榮豐：《無煙硝的戰場：從威權到民主轉折的國安手記》，（臺北）東美出版，2022。
- 吳安家：《台海兩岸關係定位之爭論：1949-2022台海風波》，（臺北）翰蘆，2023。
- 戴東清：《2025-2027台海一戰？》，（臺北）致出版，2022。
- 王信力、王崑義、張明睿、蔡裕明、羅慶生：《美中開戰與台灣的未來》，（臺北）如果出版，2019。
- 麥可・葛林（Michael J. Green）：《安倍晉三大戰略》（*Line of Advantage: Japan's Grand Strategy in the Era of Abe Shinzō*），（臺北）八旗文化，2022。
- 郭育仁等：《安倍主義與印太戰略》，（臺北）中華民國當代日本研究學會，2022。

- 王力雄：《轉世》，（臺北）雪域出版社，2020。
- 張博樹：《紅色帝國的邏輯：二十一世紀的中國與世界》，（臺北）新銳文創，2019。
- 吳玉山等：《一個人或一個時代：習近平執政十週年的檢視》，（臺北）五南，2022。
- 馬格納斯（George Magnus）：《紅旗警訊：習近平執政的中國為何陷入危機》（*Red Flags: Why Xi's China is in Jeopardy*），（臺北）時報出版，2019。
- 白信：《習近平是如何成為一位超級政治強人的？》，（臺北）新銳文創，2018。
- 范世平：《蔡英文執政後的美中戰略與習近平之挑戰》，（臺北）財團法人國策研究院文教基金會，2022。
- 杜如松（Rush Doshi）：《長期博弈：中國削弱美國、建立全球霸權的大戰略》（*The Long Game: China's Grand Strategy to Displace American Order*），（臺北）八旗文化，2022。
- 翁衍慶：《中共軍史、軍力和對臺威脅》，（臺北）新銳文創，2023。
- 翁衍慶：《中共情報組織與間諜活動》，（臺北）新銳文創，2018。
- 翁明賢編：《後疫情時代印太戰略情勢下的臺灣安全戰略選擇》，（臺北）淡江大學出版中心，2022。

（為節省篇幅，本書不加注釋，僅附錄參考書目，供有意深入研究的讀者查詢。）

國家圖書館出版品預行編目（CIP）資料

中國如何攻打臺灣：滲透黨政軍、以商逼政、軍演恫嚇，然後渡海、搶灘、巷戰……臺灣怎麼防？美日怎麼幫？來得及嗎？／余杰著. -- 初版. -- 臺北市：大是文化有限公司，2023.08
400 面；14.8×21 公分
ISBN 978-626-7328-19-4（平裝）

1. CST：國家戰略　2. CST：兩岸關係
3. CST：中國大陸研究

592.45　　112007800

TELL 057

中國如何攻打臺灣

滲透黨政軍、以商逼政、軍演恫嚇，然後渡海、搶灘、巷戰……
臺灣怎麼防？美日怎麼幫？來得及嗎？

作　　者／余杰
責任編輯／宋方儀
校對編輯／楊皓
美術編輯／林彥君
副 主 編／馬祥芬
副總編輯／顏惠君
總 編 輯／吳依瑋
發 行 人／徐仲秋
會計助理／李秀娟
會　　計／許鳳雪
版權主任／劉宗德
版權經理／郝麗珍
行銷企劃／徐千晴
行銷業務／李秀蕙
業務專員／馬絮盈、留婉茹
業務經理／林裕安
總 經 理／陳絜吾

出 版 者／大是文化有限公司
臺北市 100 衡陽路 7 號 8 樓
編輯部電話：（02）23757911
購書相關資訊請洽：（02）23757911 分機 122
24小時讀者服務傳真：（02）23756999
讀者服務 E-mail：dscsms28@gmail.com
郵政劃撥帳號：19983366　戶名：大是文化有限公司

法律顧問／永然聯合法律事務所
香港發行／豐達出版發行有限公司 Rich Publishing & Distribution Ltd
地址：香港柴灣永泰道 70 號柴灣工業城第 2 期 1805 室
Unit 1805, Ph. 2, Chai Wan Ind City, 70 Wing Tai Rd, Chai Wan, Hong Kong
電話：21726513　傳真：21724355
E-mail：cary@subseasy.com.hk

封面設計／林雯瑛
內頁排版／Diana
印　　刷／韋懋實業有限公司

出版日期／2023 年 8 月初版
定　　價／新臺幣 460 元（缺頁或裝訂錯誤的書，請寄回更換）
I S B N／978-626-7328-19-4
電子書ISBN／9786267328170（PDF）
9786267328187（EPUB）